景 园 课

Lectures on Landscape and Gardening

齐 康 等著

中国建筑工业出版社

图书在版编目（CIP）数据

景园课 / 齐康等著 .—北京：中国建筑工业出版社，2016.12
ISBN 978-7-112-20104-4

Ⅰ.①景… Ⅱ.①齐… Ⅲ.①园林设计 Ⅳ.① TU986.2

中国版本图书馆 CIP 数据核字（2016）第 278121 号

责任编辑：张 建 张 明
责任校对：王宇枢 张 颖

景 园 课

Lectures on Landscape and Gardening

齐 康 等著

*

中国建筑工业出版社出版、发行（北京海淀三里河路9号）
各地新华书店、建筑书店经销
北京嘉泰利德公司制版
北京中科印刷有限公司印刷

*

开本：889×1194 毫米 1/20 印张：5 字数：126 千字
2017 年 5 月第一版 2017 年 5 月第一次印刷
定价：28.00元
ISBN 978-7-112-20104-4
（29546）

自　序

写完《建筑课》、《规划课》之后，我想写一本《景园课》。这样在人居环境中就比较完整。

目前我们的建筑学、城乡规划学、风景园林学均是一级学科，使我意识到写一本普及的景园课的必要性。

Landscape 一字有多种译法，有译成“地景学”，有译成“风景学”，在课程设置时原定将“风景园林”纳入“城市规划”专业。个人认为风景的含义非常广，村镇美、城堡美、教堂美，未始不可列入，为了扩大知识面，最终我用了“景园课”。这只是一种尝试。

目　录

第一课

景观

什么是景观，有物就有景，景观供人观赏和欣赏，景观的场地又可以供人休闲和休息，那是不是见到的都是景观呢，不能这样说，因为景观是有美的要求，特别是审美的要求，德、智、体、美都是对我们所有人的素质和品质的要求，美是一种追求，它的意义是人们崇尚向往的一种目的。德美是一种道德美，古往今来那些为国家为社会做出有益的事、崇高的事，那些抑恶扶贫的人们也是一种道德美；智慧也是一种美，不妨称为智美，有了智慧做什么都行，行行出状元，三个臭皮匠顶个诸葛亮，这是一种智慧，我们喜欢三国时候的诸葛亮，因为他是智慧的象征，也是一种美；至于人体美，人的身体比例、身材尺度也算是一种美；所以美无所不在，其中的五官端正我们称为端庄美，除了端庄美还有漂亮妩媚。母爱是伟大的，父亲对子女严肃教管，母爱算一种慈美；自古以来有多少人研究美学，不只是外观的，还有深层的美，所以美无所不在，再上升到一定级别就称之为艺术，比如说领导艺术、军事艺术，遇到事情处理的手法比较妥善那也是一种艺术，所以艺术是一种上层的美。拿《巴黎圣母院》里的人物来分析，钟楼怪人卡西莫多长得很丑，但是他的心灵非常美；吉卜赛女郎艾斯梅拉达长得很漂亮，跳舞也很美，当她见到卡西莫多的时候还是很害怕，但是最后他们成为一种友谊的美；而那位牧师衣冠楚楚、心灵邪恶，这就比什么都丑了。这对我们研究景观有某种借鉴意义，一棵枯树的姿态依然可以很美，它不就是卡西莫多吗？所以美与丑是相对的，创造者的心灵应该是高尚的、优美的，美和真实放在一起，所以我们说它是真善美。真实是美的基础，是美的基本条件，人类的进步是在许多实实在在的利益中间生成的，人类一切美好的活动在进步，是美的存在，美的生活。美在事业发展的进步中。

美也可以是相互比较出来的，大自然中有自然的美，也有人造的美，两者互相配合，有物质的美，也有精神的美，天上的星星月亮经常引发人深思，所以美和人的心灵有着密切的关系。李白著名的诗句："床前明月光，疑是地上霜。举头望明月，低头思故乡。"他把天上的月亮和自己的心情结合在一起，这是一种情感上美的表现。当然个人的生存方式不同，利益不同，所以美的标准也会有差异。古诗中有个罗敷女，长得很漂亮，农民挑着担子都要停下来看看她，那些富贵子弟却想占为己有；所以可以看出，不同的阶级有着共同的审美要求，我们的审美有共性，景观也一样有共性。历史上有许许多多的故事说明了这一点，俄罗斯哲学家车尔尼雪夫斯基就提到了这一点，自然气候的风风雨雨、春夏秋冬各个季节，它们的景观是不一样的，它们是自然的化身和象征；如果说我们要把自然景观和人工景观结合在一起，那么就要联想到自然景观的特点：春天的芬芳，夏天的炎热，秋天的落叶，冬天的雪地都有许许多多奇异的色彩。有一次我到苏南的同里古镇，去的时候正当中午炎热，全身冒汗，当我进入村中时，就在想这个破破烂烂的村子有什么好看的；以后再来同里是晨雾迷蒙，小桥流水，白墙淡瓦，美极了，所以可以看出人的感受和处境对景观的理解是不同的。所以我们讲景观和人的心情有关，和人的内在素质修养有关，在人造的景观中间有开敞的和封闭的，有引导的和街巷的。有一篇散文叫《巷》，它形容的巷那么宁静，巷子里有花和草长出来，巷子边上有很多妇女在洗衣服，曲折的巷引起很多变化也是人们活动的地方，当然现在很多巷被拆光了，也拆除了我们记忆的历史，那是很可惜的事情。所以景观与人们的建设活动密切地联系在一起，城市的景观有轮廓的景和转角的景，总的来讲，景观有广义的和狭义的，广义的景观我们称之为Earthscape，有一本讲公路上由于快速而感觉到的景观的书叫《*Traffic For View*》。

优美的景观常常是由于地质的变化引起风景的特征，如地震火山和地质构造的变裂引起了大自然的风景，这都是千万年所形成的。我喜欢画海上的风景，近处的礁石常常成为我绘画的对象，南极、北极的冰山也是自然的一种风景，景观涉及的地区越来越多；某种意义上讲，人类是进步的，人类的聚集点（Human settlement）都是景观的文化。我们现在科技的发展有许多用遥感来测定，遥感测定的也是形成了美的元素，人们所观察的和喜闻乐见的都属于宏观的一种景观。在自然保护区里，动植物和稀有动物受到保护，西双版纳的植物园不是很美吗。我们现在讲景观一般是讲中观，城市乡村的景观当然也包括特殊地区的热带雨林和少数民族地区自然的人文历史，都加入到风景之内，伴随着人类的生存、生活、生产的发展，人们逐渐总结了经验，把风景造园形成了一门科学。最早的古希腊罗马狩猎需要造园放养动物，意大利多山地区就有意大利的花园，但是有对称的和不对称的，它用柱廊、水池、盆景和跌落的小瀑布来造景。法国路易十四的时候大兴造园之风，路易十四的财政大臣的府邸花园沿着山坡是最美的一处中轴对称的园林，我曾到那里参观过，流连忘返；它的端头是一个T字形的水面，对面的小山坡有打猎人的雕塑，我想这是世界上最美的风景了。我在设计雨花台的期间到过那里，不能不说受到它的一些影响，路易十四见到财政大臣建造这个花园觉得太豪华太浪费了，就把这位财政大臣终生禁锢于牢狱，结果他把修建的工人用去建凡尔赛宫，凡尔赛宫的园林比财政大臣的还要大，还要壮观。凡尔赛宫是豪华的宫殿，宫殿内是豪华的，宫殿外是放射的，园里的铜马是优秀的雕塑，吸引了世界各地的人们，奇迹般的壮观，可谓世界之最了。一些大的宫殿都和园林结合，英国的花园是自然的、有趣的，布置得体，顺自然而布置了海德公园大片的草坪，成为人群活动的地方，它上面的哥特式的艾伯特国王纪念亭，在公园的边上，这些我都做过写生；我常常想，不管是西方的还是东方的优秀建筑，在比例和尺度上一定都是把握得非常好、非常出色的，我们可以在那些优秀的绘画中看到，西方的承包艺术中那些主人常常在郊外打猎娱乐，所以说景观的文化对时代的美学、美术有极大的影响；近代绘画中间兴起的印象派和后印象派画家集聚在巴黎郊区巴比松，是风景优美的地方，他们探求新的画法，探求光影，人们称之为外光画派。

中国的园林所走过的道路也是从帝王开始的，秦始皇时期的阿房宫，从后人的记载来看是一个豪华的园林建筑，历代的园林都和打猎分不开，中国古代就有专门写园林的书叫《园冶》，至今仍为园林学的一本经典书籍，中国园林现今也有南北之分，北方的园林如承德的避暑山庄，从清康熙时代就开始修建，它的建造为了团结各民族，因此园中有各民族的风格；到了清末，慈禧还修建了颐和园，里面的昆明湖和佛香阁都是大建筑，华丽结合地形建筑；北京的什刹海、中南海、北海在故宫的中轴线的一侧自如地成为城市中间的绿色大花园，其造园艺术之精湛令人惊叹；北海的白塔是从尼泊尔的建筑形式演变过来的，塔前面有一个中国式的琉璃顶子，也算是一种文化的交流，牌楼门廊把一个小小的山装点得如此多彩，当然后来所建的现代大楼损害了它的景观，非常遗憾。在南方的清末时代，住宅的延伸和发展的园林盛行一时，可谓是明清时代的园林了，苏州的拙政园、狮子林、沧浪亭和上海豫园形成了咫尺山林，成为东方园林的登峰造极之作，风景的组织，空间的穿透极为丰富，至今仍是我们学习园林可贵的案例。再如扬州的个园、何园都是杰出的园林。园林的研究没有停顿，南京林业大学（原南京林学院）的陈植老先生写了本《造园学概论》，东南大学童寯所写的《江南园林志》以及后来刘敦桢老师写的《苏州古典园林》都是很有名的，同济大学的陈从周也写了相关的书籍，东南大学潘谷西先生也对江南园林进行了测绘和综述。明清的徽商、晋商等都在他们的故乡修建了一些庭院，在总的传统建筑中庭院都是被富人所掌握的。

这个学科在新中国成立后又受到苏联的影响，定为城市绿地系统规划设计，这是从苏联引进的。后来在修订目录时定为风景园林专业，近年来国外一批留学生回来，又提出了风景景观学，这样在学科系统里有不同的意见：大体在植物院校叫风景园林学，在建筑院校里叫环境艺术学，但是如前所说的，建筑本身的艺术表现不带有景观的概念，所以建筑风景园林学的基础是建筑设计。我们在武夷山风景区经历了 12 年的风风雨雨，做了大量的景观建筑，这些景观建筑与地区的民居风格融为一体得到好评；在黄山还有其他景区也做了一些类似的景观建筑也是上乘之作，但是都没有重视植物的配置和自然山林的结合，所以两个专业要紧密地结合为一体，才能把我们的山山水水点缀得风景如画，“桂林山水甲天下，武夷山水胜桂林”，其实桂林的山水很漂亮，但是盖了很多高楼和西洋桥大煞桂林的山水，很可惜。

事物的认识发展需要一个过程，特别的科研实践过程会来检验我们的工作，我想终究会趋同地认识风景园林，名字只是一种提法，实践是最重要的检验一切的真理。我希望看到的是实践的作品，不希望看到口头的争论，那是无谓之争，争一时可以，时间长了也浪费了我们的精力，应该你重视我，我重视你，相互关爱和相互学习，我们的学科不要互相轻视，剔除文人不好的习惯。

当今全球气候变暖，低碳、绿色、生态，要与景园紧密结合。

我们要重视以下几点：

第一，要十分重视中国园林的特点，当然这些特点是私家的、帝王的，同时也注意到资本主义国家公园新的设计，取其所长为大众服务。

第二，在西方的园林由于新建筑的发展其手法有很多变化，我们要吸取他科学合理的内涵，创造性地做出我们的设计，在我们有中国特色的社会主义经济上的多元化也必然会带来思维上的多种考虑，我们需要有创新的思维来对待景观及其设计。

在我们这个时代，多学科的交叉，环境保护极其重要，大气污染的防治、植物的种植都要跟景观的设计结合，它不但是一个休闲的，而且要考虑到它是一个生态的，我们不是唯美主义者，善于结合才是我们环境保护最重要的目的，让更多的学科综合进来。

无锡鼋头渚小景

第二课

场地与空间景观

绿色的树木，在各种地段地貌地质上生长，大片的森林和自然的地区地段上，人们需要加以保护和管理。人们需要对它呵护；绿色是健康的、生态的要素，是人类生存活动的“肺”。只要有人类活动的地方就称之为场，场又必须适应植物的生长，但是这个场有坡地有山谷，也有平地和滨水。

场地可大可小，大如生态保护区、大型的公园，小到住宅建筑之间的绿地，供人们种植草坪和树木。城市郊外的大片绿地十分有利于控制城市的规模和发展，可以保护耕地，道路两旁的树林可以形成人行道，铁路两边的树木也可以护住铁路的基础。城市有大型的公园，如杭州的西湖、北京的昆明湖、常熟的尚湖、南京的玄武湖，除水面以外还有大片的绿地。所以理想的城市就要有理想的大片绿地。这个肺会吸收二氧化碳，释放出氧气，绿地上所占有的包括公园、小游园，它的上面就是它的空间。

人们在绿色的地面上活动，地面上具有空间感，不但是视觉上的需求，而且是使用上的目的。所以我们说空间感有使用和休闲的价值，但是也是为人们感觉了的空间。所以我们要注重用地的性质、规模、大小来进行设计。城市的公园和城市的小游园在设计的时候也不一样。城市的人群来到公园和小游园后的感受也是不一样的。如果我们认真地观察可以看出人们喜欢停留在哪，休闲在哪，烧烤在哪，都有人的行为的心理，包括年龄、性别。我们讲以人为本，不只是人体功能的需要，而且要包含着人的行为特点。

场地的景观设计是一个人们实践的活动，山地的地形地貌有山地景观，滨水的地段有滨水的景观，平原有平原的设计，山丘地带有山丘的特点，我们都要遵守这些基本的要素。地形地貌以外，地质土壤与造园也有密切的关系，还影响建筑的存在，影响植物的生长，再有气候的变化，地区所处的经纬度，都对植物的选择有各种要求。譬如说杨柳和水杉，比较耐水，有的植物可以抗旱，所以我们论述这个场地可以更新、可以改造、可以再生，我们要研究它的朝向、通风，研究它的土壤有没有被污染过，还有地下水的径流。场地的周边环境设计要十分注意，是否是历史街区，是否是古街，是否是高楼大厦，是否靠近山，还有古树、大型构筑物，在沼泽地带它有自身的生态要求，我们需要很好地保护它，一切在场地空间设计之前我们都要进行调查研究。所谓的场地与空间景观，就是一种环境的设计。但是它的对象不只是建筑物还有植物的配置，还有分等级的通径的道路，还要有一定的工程设施。所以我们在设计的时候，要注重绿地建设的工程，譬如说驳岸、水池的岸边也有多种的样式。所以要整治水面一定要注意它的驳岸。在景区，要十分注重主体建筑与建筑群的关系，主体建筑与植物配置的关系。场地的设计离不开植物的配置，离不开景观建筑（风景建筑）。所以景观建筑设计是一种高水平上的有素质的建筑设计。同时也是与植物配置相互融合的一种规划设计。所以说景观的设计要有高的艺术素养，要有高的建筑设计的水平，和植物搭配的综合的设计。

植物组成的空间设计，分成乔木和灌木作为基本的要素。乔木是高大的，灌木是树丛，譬如说林荫道上可以有大的梧桐树、水杉、雪松可以作为行道树。当然，探春和迎春它就可以配置在树的两边，从而使道路形成一种有节奏的引人入胜的景观组织。它们可以有节奏地变化街道的景观，减少开车人的疲劳，在郊外的快速干道上也可以是一簇一簇的左右错开，群组有大有小，色彩丰富，造成一种在大地上画出的有组织的自然景观，成为我们大地景观的一道风景线。在公园中间可以组成不对称和对称的绿色空间；时代变迁了，建筑发展的手法也变了，我们可不可以用现代的手法来组织绿色的空间？高大的乔木可以作为第一层的空间，灌木可以组成第二层的空间。我们也可以叫它"secondary space"。所以草坪、灌木、乔木来综合组成空间。它们就像现代建筑的室内空间，可以流通、可以封闭、可以引导、可以分隔，达到一种新的空间的景观设计。

场地的设计不论是大是小，都要有一个主景。北京颐和园里的佛香阁就是一个主景，北海的白塔也是主景。小到苏州园林的假山石也可以组成一个主景。个别情况下无景胜有景。所以场地的景观是一种空间的造型。我们不要忘掉上下俯视的第五立面，还有自下而上的仰视的景观。在景区的配置中要注重路面的设计，有时候要通行小车子，不宜有道牙，使人们进入公园有一种无名的暗示，或者用弹石路面，或者用碎石板路面。不管怎样要有平整的地块，要便于女同志穿高跟鞋的时候行走。当然我们也要注意到残疾人的坡道。如果说有台阶的话一定要平缓，要控制在12cm 高，32~40cm 宽，再高就不舒适了。踏步切忌用单步。在设计中一定要注意有座椅，山地的场地和滨水的场地和平原的场地要把它区别开来，它们最大的特点是坡度。我们在浙江天台山的县城附近的赤城山设计了一个济公佛院，充分利用了山地陡坡的特点，柱子设计有高有低，插在陡坡上，好像济公喝醉了酒一样，用一些斜撑盖了普通的瓦，形成了济公的袈裟，湖面上的水球，就变成了他的佛珠，表现出佛教的境地。在入口处的山花坡上，长出了爬藤的攀缘植物，犹如济公的芭蕉扇。我曾经拍了一张照片，好像济公显灵一样。在山腰上可看到县城的景观。所以我说意义可以表达建筑的创新。至于山地的建筑，我们不要任意破坏它的山形，山上的建筑因为没有其他的参照物，很难与它比较，一般自上而下观赏，能够感觉出建筑被放大了。譬如说泰山的南天门，是一个很不起眼的小屋子，但自下而上一看，万绿丛中一点红，反而感到它具有一夫把关众人莫上的感觉。纵观许多名山中的塔，都不是摆在顶头，都摆在山腰上，特别是庙中的塔院，像杭州的六和塔是在山下，镇江的金山寺在山腰，而颐和园的佛香阁也不是在山尖上。可见古人在选址上是讲风水的，也就是我们今天所讲的景观。

此外，滨海的景观要注重水面和陆地的对比，特别从水面来看它的侧影。意大利威尼斯的广场不但是广场内有良好的视景，而且从水面上看可以看到塔楼和建筑群对比的关系。广场东侧的圣马可教堂主立面，轮廓线尤其美丽。在杭州西湖的平湖秋月、断桥，以及济南的大明湖上的阁楼以及湖面中的海佑亭都是点睛的地方。我们要注意造型和色彩。

在平原的场景上，人们不得不用堆山来取得造景的效果。北京故宫后的景山，苏州园林的假山，都是设计中的手法。风景的景观设计我们常常与中国画联系一起，有远景、中景、近景。远景常常是山水，是衬托的背景（比较而言）。中景常常是我们的主景，近景对于取景非常重要，可以是框的，可以用石头，也可以用树木，这样使人有由近及远的感觉。会照相的人在取景上非常重视近景的位置还有对景的视角、远景的衬托。这样天空就变成一种无限。绘画中讲黑白灰 3 个调子，黑色作为背景的时候，建筑用白的、灰的，就是夜景的感觉，如果说近景是深颜色，中景是灰颜色，远景是白颜色，这就是通常所说的取景。我们要有意识地使物体有光影的感觉。是一种黑白光影，也就是组织黑白灰 3 种调子。至于色彩我们常讲万绿丛中一点红，它是吸引人的视角，春天濛濛的绿色使绿色色彩可变度很大。秋天的落叶是人走在上面沙沙作响，诗情画意就是从景观中间取得。天若有情天亦老，景观的心情互相对应。情向着景，景感受着人，在丰富的色彩中间，视距最远的是白色，武夷山的慢亭山房，人们曾经用绿色、红色，最终刷上的是白色，从遥远的地方都能看到。景观的设计要制宜、要得体、要简约，不要过于烦琐，我们设计者有一种心态我并不赞赏，就是把什么他认为好的东西都装在他的风景建筑中间去。所以我们要主张节约，要简朴、要壮丽、要秀美、要幽深，使人有许多联想和记忆，表达多种复杂的情感，场地的设计是人的场地，是活动者的场地，我们要非常重视它。研究场地的同时要研究人，要研究植物配置。

上海外滩的早上

第三课

自然景观的观赏

这节我着重讲景及其所处的环境及人们观赏的特点。

前面我们已提及这方面的知识——即景的物质性、自然性和人工性，景在场地—空间上的关系，入口、主景、通径、植物配置的关系。本节较深入地分析景的客观性。景之本体美，以及人们怎样才能组织美的景观。

对于自然山水，有仁者乐山、智者乐水之说，凡是我到过的优美的山，总是山形和层次引人入胜，气势磅礴。以天台山为例，登山眺望，从华顶俯视，可以看到层层山峦，一条条山的侧影线，我细数了一下，有11层之多，山形虽不美，但众多的层次同样感人，迷雾飞动，道道闪光，山腰的石梁瀑布使游人难以忘怀，景虽不大但有惊人之处，特别是人置身大自然之中，不但听到瀑布声，山野水声也会占据心灵。贵州黄果树大瀑布的水帘洞更令人惊奇，游人从水帘洞后穿越，别有一番感受。我在附近宅舍宿了一晚，清晨看到美丽的少数民族少女点缀在大瀑布之中，构成一幅美丽的画面。陕西华山当算险，一条道通到顶上大殿，拉住铁索步步向上，上山易下山难。登山时引人入胜的是云雾，自然气候的变化忽而阳光，忽而迷雾，不见周边的山、树。登河南嵩山，山不高，在山顶上远望山石组成，如有梦的灵感，石峰犹如国画的枯笔。古代秦始皇登泰山观日出。人们清晨起来观赏旭日从东边云海中升起，如有幸，可以看到那红日从鱼肚中喷出，红日跳出，使人从内心发出“我到泰山了”的感慨。武当山也是座圣山，明初朱棣建庙、太子坡、金顶。人们沿着山路观赏群山的同时，也可看到山上的古建筑。如果说泰山是主山，历朝帝王文人墨客用碑刻记载历史，又是一座记载历史的山。武夷山之奇在山峰，以及大王峰、玉女峰神仙的故事传说。九曲之美在于地质变化的弯，“弯”引起无限的景观，人们由九曲可以顺流而下，风光秀丽而幽深。乘竹筏可以看到山顶的船棺，感叹人的生死难测。

中国大地的风景，最出奇的是云贵一带。那儿有气势磅礴的大峡谷，与自然相比，人显得渺小。喀斯特地形的变化体现在众多的水帘洞，有的纵长达2km，在幽深的洞穴中，看到洞顶灯光，那种幽深、奇特、奇异，无不显现一种“奇”。云贵地区多为少数民族聚居地区，民俗服装，男女对歌，原生态与自然本土相融合。“桂林山水甲天下”是为一种大尺度的“九曲”，是有层次的变化，为世人所称道。桂林真是一座山水城市，奇山异水，风景建筑别具一格。新疆天山的景致别是一番风味，深蓝的水，远处茂盛的森林，令人想起中华大地山外山，山在看山（图3-1）的意境。青海湖无边无际，可以看到沙漠，体现大沙漠的荒芜。岳飞《满江红》中的贺兰山，山不高而险峻，表达了宋代爱国将领的壮志。东北大平原，一览无余无际，大豆高粱，土地肥沃，收割季节，大地

图 3-1　新疆乌鲁木齐草原
（图片来源：image.baidu.com）

图 3-2　滨海石礁
（图片来源：image.baidu.com）

一片金黄。有时起伏的平原则是另一番景象。

我喜欢水，喜欢大海，大连的大海要从天空俯瞰。大连是个半岛，可以看到蓝水黄海的分水，诸小海湾构成众多海岛景观，金石滩的石礁（图 3–2），是最美的地方。人们取了不少象形的名字，如贝多芬头像等。若乘小汽船，可以饱览海水湾的风景。大连市领导将城市街道通向海口，让人感受蓝色的海洋。青岛的滨海是建旅馆的好地方，有些地方大片的板式建筑使海滩的景观呆板、生硬，抹煞了风景，这些人造建筑物是为了便于旅游，却损害了景观。青岛的德式建筑风格，影响一片地区，获得了地方风格特色。厦门可能是最宜居的城市，面对大海海湾大旦二旦岛，新近修建的滨海大道是国内最美的滨海道之一，风光秀丽，岛内的万石岩，自然形成，与近年新建的仙林阁遥相对应。岛城近年也修建高架桥和高楼，使城市大为逊色，控制城市人口至关重要。中国有大量湖滨城市及湖面，杭州为最，苏东坡诗云：欲把西湖比西子，淡妆浓抹总相宜。西湖湖面，水岸近水，十分亲近。湖光山色，湖中诸景平远，而临近城市一面，这几十年来建立高楼，作为滨水城市只能说是一种半壁自然，半边高楼，已不是当年的诗情画意了。南京玄武湖，在古代是军事训练场地。武汉市将湖水水面串联，水堤从中穿越，临水的景观有待组合。相比西湖周围建筑那就有层次之差。

我国是个大江大水的国家，北方之水由西向东流入大海，而西南的珠江、澜沧江则由西向东、由北向南涌向南海，水带来了地域文化，如果城市文化与山水相依，那水域文化也镶嵌着地方文化的特点。滨水的江河与水域的速度及宽度密不可分。上海黄浦江有 400m 之宽，而南京的江面为 1200m 之宽，武汉的汉江则为 100m 之宽。如若城市跨江发展，必然存在一个桥位和渡轮的船坞码头的选择的重要课题。改革开放之初，上海先是南浦大桥，再是杨浦大桥，至今已有 13 条南北通道。南京 20 世纪 60 年代已有长江一桥，后有二桥、三桥、四桥，加隧道已有5条过江通道，但江北开放，仅是一种设想，江北虽有发展，仅仅是点状，江北的发展中有些单位撤至东山，说明发展与通道有紧密的关系。上海外滩是半殖民地半封建的产物，显示了各国的建筑风格。而改革开放的浦东是新一轮国内外建筑师的风格交流，它脱不了历史的影子，又增加了欧洲新型高层新的元素，一种多元合一的组合，时代的变迁脱不了历史的新的景观。沿江、滨海要有十分优良的界面且组织良好的轮廓线。如果说滨江水面的建筑群，当称俄罗斯的彼得堡，涅瓦河边的海军部大厦，门前一对托球的雕像，还有那水边的石砌台阶及海上的标志塔（图3-3）。法国南部马赛是座滨海城市，海边的城堡，渡轮还可通向关押死囚的岛。法国西北部的St-Michel岛有100年前建设的高耸的教堂。它的塔顶日照阴影作为一种游乐的海上海滩的大钟。我在那住过一夜，几乎踏遍岛上的教堂和山地庭园，海堤成为一条旅游的通道，直通小岛，它神奇、别致，是游玩休憩之地，是欧洲七大奇迹之一。滨海的景可以是前为沙滩游泳，后为建筑群观海，也可以是一个独立的空间体，用海岛的方式。日本是个岛国，四岛外为海，强调生态环境，从空中俯瞰时成为一个绿色的宝岛。我国的两大宝岛一为台湾岛，一为海南岛，其中海南岛是一座健康、绿色的旅游宝岛。

我们说：山地城市的夜景形似粒粒明珠，面向滨水的城市也可看美丽的夜景。巴黎的夜晚，灯光灿烂，沿塞纳河游玩可以看到沿江的公共建筑的灯光照明（图3-4）。美国纽约的自由女神像夜景也获得灯光的照射，夜景的照射是新发展的科技，要十分注意光照艺术效果。

人们不论乘车或步行来到景区或城镇中，都需要直觉和空间感。人们的活动总是沿线观赏，他们时而停顿观赏，时而坐于宜于停留的地方，或行走观赏，是为静的观赏或动的观赏。静的观赏是停顿状态，坐在室内看到室外风光，或坐于门前的咖啡座观看。动的观赏除行走、骑车、乘车外，还有快速干道上的观赏。动的观赏常常是步移景异，远、中景不断变换，由模糊到清晰，由清晰到模糊。这种移动可以从两眼看到，所以现代派的画就是这种动的、光的表达境象（景象），连续的画面，如动漫一样，是一种活动。动的表现，在电视上可以反映。在写实的画面上只能是最典型画面的一瞬间。画面是静画，取景做景框，取景是摄影师的事。

在设计创作中也要考虑光影的效果。人在光影之中，由亮变暗，变亮变灰，也可以从光和色彩中求得一种平衡。物体在阳光中有向光高光的一面，有阴阳转折的一面，那是物体的本色，有反光有阴影，也有左右背景的反光或共同起作用，那么有灯光时，光更多了，最终取得一种光的平衡。我们研究冷暖的变化，研究光影的变化及其色彩，研究物体的本色在阳光下、在背阴下的变化，求得视觉上客观的真实，从光影中取得趣味的色彩光影中心。所以景观既是客观的又是主观的。它有：

意境——取其意，心境；

触境——直觉，摸，触；

听境——听声，感受；

语境——感于语言；

画境——感于画；

诗境——感于诗、词、历史、小说、传说、故事，是种智慧与情感。

图 3-3　福建长乐海螺塔（图片来源：作者提供）

图 3-4　巴黎塞纳河亚历山大三世桥（图片来源：作者提供）

张家界

第四课

城镇景观的观赏

人类最初的活动，生存是孤单独居于山洞或简易茅屋，尔后，人们开始群居，聚落是人们最早的居住方式，集聚使人们生存向前跨了一步。为了防止野兽的侵扰和族群之争，于是筑墙以防御，在冷兵器时代不论东方、西方都在筑城墙和堡垒。墙成为人类最早保护自身的措施。围和封，是一种必然现象，堵、封是为集聚的表现，所以城市之首是强调封，是组合之首要。封应当成为一种概念，一种认识。封和敞是相对的，人们居住需要敞，以取得空间，供活动、生存、生活和工作及其休憩，封是一种建筑群体的组合，城市规划及其景观是以组织封为好。好的景观，景观的封让人们可观赏，所以城镇景观是一种封的美感。当然敞也可以组织美的景观。

封闭空间（enclosed space）和开敞空间（open space）是组织城市空间的基本。

人们的通行要有路，狭长的通道是为封闭空间（相对的，从远距离看），而城市的公共活动如集会、娱乐的场地及交通的交叉口，一般称Circle，称为广场和交通广场。

城市的开敞和封闭空间是相对的，北京天安门广场是500m×800m，而长安街最宽处为107m，都可认为是人们观赏的开敞空间，一种相对的空间组织。

汽车引入城市，汽车时代大大改善了马车时代的组织方式，大型公共交通如公共汽车、电车、快速动车，交通的立交和地铁以及地下隧道，改变了传统城市交通和空间组合的方式，是我们不得不注意的。

现代城市交通的发展，并不失去步行系统的步行观赏功能作用。它们具有观赏性，也不失去其意，只能说增加了新的作用、功能和意义，多种方式观赏城镇景观。为什么这样说，因为这是人的本性。人的步行，更多可达到公开和私密性，动的和静的，一种人性化的观赏。

纵观历史上步行系统，有众多优秀的实例，俄罗斯圣彼得堡的斯莫尔尼宫前的街道，两旁是古典的柱廊，对景是斯莫尔尼宫，达到统一而风格一致。莫斯科的红场有明确的围合空间，红场和克里姆林宫的俄罗斯的宫殿都具有瑰丽的景观，后来增加的列宁墓非常适宜，配合红场的红墙，为优秀实例。进入希腊的雅典卫城，由下而上登到山门，看到胜利神庙的转折，直到看到帕提农（Parthenon）雅典娜神庙以及往后的伊瑞克提翁（Erechtheion）神庙，是一种空间的自由组合。意大利罗马的圣彼得大教堂，以圣彼得大教堂为主体与半圆形成对比的空间。意大利步行广场最为优秀的实例是威尼斯的圣马可广场，它由一个较大的梯形广场和一个较小的一字形广场拼接成L形，转角处的高塔形成了广场构图的中心。L形广场是为欧洲广场最富变化的形式。其他如卡比多里奥广场也算是山地广场的突出实例。其他如百步坡等都是优秀的山地广场实例。柱廊、雕像成为组成的小品。西班牙的城市广场有许多实例，如王宫前广场等作品。卡米罗·西特（Camillo Sitte），作者深深怀念这位在汽车交通出现前步行城市街道景观设计师，他设计的对准教堂的小巷和出现的景是一种惊奇景观。Exciting View 也是非常优秀的实例。生态、绿色的街道在 20 世纪之初早早确定，如巴黎的香榭丽舍大街（图 4-1、图 4-2），因其整齐等高的街面，两侧的绿化成为世界上最美的大街（大道）。其他的广场，庄严的凯旋门，放射的星形广场，使整个巴黎成为有着众多轴线的城市。日本东京及大阪等特大城市，虽没有优美的街道，各地块有着参差不齐的街坊，使城市凌乱而无序，但其是历史性重要城市，皇宫有悠久历史，具日本历史性建筑的特点，周围的大树，绿色及壮丽的寺庙、景致，能看出城市的特色。名古屋是美丽的城市，在“二

图 4-1　巴黎街道（图片来源：作者提供）

战”后首任市长开通的100m绿色大道，摆放着各国的纪念物，正在提升它的知名度。南京栖霞山萧景墓的标志物也在这。如果把名古屋做一个城市记忆，那就是一条百米宽的绿色树丛。人们常被百米的林荫道内的纪念物所吸引，为了方便交通，又有跨街的步行立交桥。北京的美丽还数那完整的故宫，一幢幢建筑，从天安门到端门、午门、太和门、太和殿、中和殿、保和殿、乾清门、御花园，从故宫后门到景山，这是一条步行道，可以从回廊中取景，也可从门洞中取景。天坛是世界上最杰出的群体布置，一端是祈年殿，3层紫蓝色琉璃顶，圆形的大殿，地是方，圆象征着天，周边松柏常青，另一端则是通过碑道，长长的似天上神仙之道通向圜丘坛。古代匠人十分讲究比例关系，将围墙的高度压低至2m，衬托出3层天坛建筑，想当年皇帝祈天求天，那浩宏的天

图4–2　巴黎香榭丽舍大街（图片来源：作者提供）

空，无限的世界，伟大的气势，皇帝是神圣无与伦比的啊！可现代发展却损害了我们的视野，现代的住宅高楼，使那种神圣黯然失色，每每想起当年帝皇的崇圣，可历史的现实总是一面对照的镜子，您还能说什么呢？北京的城墙拆掉了，天安门前的 3 座门拆掉了，这些都让古建筑专家落泪沉思。天若有情地无情，人间历史是沧桑。南京的古城墙是为世界之最，最高处 22m，虽经太平天国、抗日战争，还保留了 22km。高楼林立从城墙内外突起，古城墙的历史失去记忆，历史的时间差也经常遭到碰撞。今天讲和谐，关键在于人们的意识，权利和势力使那关心历史的保护常常成为一种泡影。我们在学生时代是同情梁思成的，但是人的活动还是现实主义。杨廷宝老师在南京却是一位现实主义建筑师，还做了不少革新的大屋顶教学楼，迄今还屹立于南京城内，说不如做，不如探索。南京现今有一大批仿古、复古的建筑和群体，如夫子庙、秦淮河。观念和喜好的不同，形成了不同的建筑。苏州有 2500 多年的历史（图 4–3），是吴文化的诞生地，作为

图 4–3　苏州网师园（图片来源：作者提供）

国家历史文化名城，城墙在1958年一夜之间被拆掉，只留了城墙基础，而水系保护完好。提起吴国，有很多历史故事，不但有卧薪尝胆的勾践，还想着那范蠡、西施泛舟在太湖。苏州的城市景观为世人所称道，高高的虎丘塔，城内的北寺塔、双塔都成为城市的标志。四四方方的街坊，虽然一些民国建筑大体还在古城之中，建设的发展使四合院拥挤，改变单家独户而成多户人家，所以城市向东向西发展。人口的迁移，可以稳定城市人口密度，城市的改善，改建成为主要目的，建筑师只在地方建筑的改善中达到融合，那种独树一帜，出新出奇，专用自己的符号，格格不入地插入，反而失去了传统的风采。建筑师面临表现历史还是表现个人，是继续创新还是表现个人的专利品。日复一日，年复一年，这些都被历史所融合。建筑是一种遗憾的艺术，它一旦建成就要天天和人们见面，见面多了也会使人们感觉混沌。皇帝的新装常常变成真的一丝不挂的赤裸的“新衣”，我们可以见到。苏州古城东西长3.7km，高速公路上的汽车只要2分半时间可以穿过，在城市干线最多只费5~10分钟。汽车带进了废气和现代，多了便捷，引进了大量的车行，古城失去了韵味。何去何从让后人来评述。

我们面临新陈代谢的时间；

我们面临新旧建筑风格的交替；

我们面临风格的传承和创新；

我们面临技术设施的转换、约束与自由；

在传统中寻求技术统一，技术整体。

中国是个历史悠久的国家，每个城市都有历史的记忆，不论是新的、旧的都给未来以情感。每个城市都有自己的故事，都有自己的自豪。当来到江阴，当地人民自豪地讲出徐霞客这伟大的地理学家和旅游家的故事，引发怀古的遐思，而国家的发展兴盛让我们对未来充满憧憬。城镇景观的观赏有时间、空间、地点的差异。

意大利村落（沿山波）

第五课

风景建筑（中国古代建筑）

风景建筑是指在自然景观中的建筑设计，同时也表达城市人造环境的建筑景观，它的含义比较宽，除功能使用外，在城市中的标志性建筑，也可列入景观中去，它的意义也非常重要，它给人们的记忆，特别是城市历史的记忆尤为紧要，是历史的足迹。

人们会问我，城市中什么建筑都有景观，您都说成景观建筑，不是涵盖面太宽了吗？我说这只是一种强调语气，不论在景区还是在城市，给人们留下最深刻印象的，有意义、有价值，特别有历史意义、价值的建筑，作为一种标志，注重时代的精神又有何不可呢?

我加重语气，强调一点，要表达十分重视、希望精心设计、精心施工、管理和保护的心情。

我常想一位设计者要具备两种能力，一是概括能力，把握矛盾，把物质、精神概括到最后明确高度的要点（便于论述），同时也便于设计，这种概括要有社会和设计实践的过程和经验；其次要有操作能力，即针对命题，设计出规模合适、尺度宜人、色彩协调，供人欣赏和使用的作品。应当说景观建筑大多是优秀作品，或历史上遗留有价值的作品。

前述传统的园囿自古有之，至今保留下来的大多是清末民初的园子，传统园林有三：

一、私有园林

一般是由私家住宅延伸发展而来的，也包括皇家的园林。它与住宅密不可分，大多由住宅建筑引申组合而来。苏州园林、扬州园林是为典型。大多供官员或富贾之人居住，依据住宅而延伸发展。用地规模在城市中也不太大，是所谓“咫尺山林”，在有限的范围内扩大空间，使人有园林之感。目前苏州留下的大小园林近百处，最有名的是拙政园、留园、网师园、狮子林等。扬州则为个园、何园。南京有太平天国天王府的瞻园，无锡有谐趣园。国内大多有假山石与亭台、楼阁，使有限的空间延展至无限。中国园林是空间艺术上的一大创造，用廊墙、漏窗，使小的空间扩大，借助于空间之外的空间，利用空间的分隔获得无尽的空间感，利用树石组织次空间，使空间相聚，同时又使空间开放，把天上的空间引入、集聚和扩散，是文人们、匠人们在空间艺术上的大创造。廊可以是单廊、复廊，曲折有序有趣，墙可以是透空的、连续的，可以上透，也可以下透，由此透出灵活而多变。廊桥、石板桥，水中的汀步石，使廊下空间留有情趣。这在建筑空间组织上可谓匠心独运。至于树木，或假山石，或树与建筑山石，灌木、乔木，则相互巧妙搭配。花草长于石缝中，或于桥上，或钻山石之穴，或攀于假山之上。整个园林不分主次空间，即使小转角也以竹草、花木来点缀。园林小径，曲径通幽。传统园林是为少数人所使用服务的，已不为今日大多数所需求。每个园都因主人的思想素质意识，经营的关系而各有特点，各有风格。如拙政园像是洒脱的文人，留园犹如有文化的子弟之作，网师园似老者的严谨，狮子林处于城一隅，紧紧与园外空间来空透。借景又如无锡的谐趣园，远借锡山，巧于因借。

传统苏南园林建筑具有创造性，其中堂屋招待客人，船舫（石舫）似于水中，造型似船，奇特而秀丽。而亭有双亭、半角亭、三角亭，亭的门框、门拱是为框景，可以以景取框，多样而丰富，而阁则有双层，可登高眺望，拙政园的西园有四面角亭，为四季厅，可以在不同季节观赏花木。

扬州的五亭桥在风景建筑上有大的创造。扬州瘦西湖是一种带有城市园林的画景画廊，一路沿湖畅游可达平山堂。新中国成立后园林在不断修筑，现已达到较高的水平和境界，供人们旅游。

假山石是为中国园林一大创造，山石堆砌不高，而小尺度的建筑使人登高俯视，山上高台，在尺度上也十分宜人，扬州的何园、个园的假山石都是经过规划设计，以及后来的修缮，成为中国建筑空间的经典。我们需要组合元素，取其精华为现代园林服务。

北京西郊的颐和园、圆明园则为典型的皇家园林。圆明园于清末被八国联军彻底破坏，仅留下残垣断壁。圆明园结合了西洋园林手法。而颐和园则利用海军经费所建，奇景为借西山。佛香阁的开放可为广大游人所利用，是标志性的主建筑，典型阁楼，屋顶黄色琉璃相间，表达出皇家的气魄。十七拱的长汉白玉石桥是典型的皇式做法，有着皇家的情调和气势。颐和园的长廊，廊上的油漆彩画，丰富而有故事性。颐和园，规模相对较大，所以后来供人们游览，是北京旅游一大去处。天坛，是皇帝祭天的地方，是建筑群和造型中传统建筑的登峰之作。

宫廷园囿，最大规模的当称河北承德的避暑山庄，是为清代历朝帝王修筑的园囿。它充分吸取了江南和北方园林的优点，大规模地组织建筑群和空间，为联络少数民族而建外八庙。

为了让大家更深入地了解古典园林，试剖析几个典型苏州园林来分析其空间组合（拙政园、网师园、留园），最后附带讲述南京忠王府的瞻园。

拙政园是苏州古典园林中最大的一处，原园主为明代御史王献臣，后多次转手，曾成为太平天国李秀成忠王府的住所。全园分东、西、中 3 个组成部分，中部、西部保留完整，是园的住宅入口处。最突出的景点是假山石上的宜两亭，是为传统景点。远香堂是苏州园林建筑之最，其艺术比例不论任何视点都是完整的，濒临远香堂即与船舫相接，船舫有很好的比例，六边形秀丽无比。曲折的石板路，引向分隔西园的漏花墙。进入西园的四季厅，彩色玻璃可以四周观赏，另是一番天地。斜斜的回廊，假山上的山峰对景，平衡了整个园区，是为观赏的另一高潮；东园则是新中国成立后扩建的，供游人休憩之用，是座现代的公园。现在拙政园边上修建的苏州博物馆是为美籍华人贝聿铭所设计。

值得欣赏、品味的是网师园，像是一位有很高文化修养的老人留下来的休闲庭园，园不大而紧凑，园不深而有层次，各个视角都向游人开放。

从堂前赏景，宁静以致远，修身以养心，一种安度晚年的写照。建筑尺度、比例、风采，都是一番有品位的经典。评出这个群组也是评心境。它深沉、深思、深境。

留园犹如一位有修养的纨绔子弟。几棵大树（可惜后来死去）把景致的线条打扮得十分绚丽；建筑之间的门、石、山，细看时无可挑剔。视景的游览线是符合人观赏的比例和规矩，想那造园是亲身测度而就，把握留园的画境、清香，绮丽正相宜。几个园子我年轻时都曾经作画其中，比兴而入画入境。40年过去了，再来观赏，又将如何测度其秀丽。

二、宗教园林

宗教园林是大的寺庙建筑边的园林。规模不大，是供来佛寺的香客和僧人休憩之用。本来很多是“舍宅为寺”而来的大宅院中的庭园，也是为宅院主人，家庭的公子、小姐所用，其中也有许多院落空间组合，不乏好的作品。

三、郊野公园

扬州瘦西湖是我欣赏的郊野公园，（园林）老师和我考察，一路从船上快速作画，其味无穷，船一边动一边画，船移景异，流水荡漾。在垂柳下作画，视野开阔，小金山的整体建筑与小金山的比例关系，引入到自称天工的境界。五亭桥可谓扬州主要景点之一，黄色的琉璃，桥下的小桥洞与桥孔的比例得体。我常想在景观建筑的设计中没有比正确而得体到宜人的比例更为重要的了。从传统景观中可以归纳为比例得体、造型优美、独特、情感贴切，是一幅画境，一幅感情画。我不知历史上的匠人其匠心的心灵是多么神奇，再回忆避暑山庄的幅幅画景和画面，都让人深深怀念。

风景建筑是一种美的建筑，其功能是体憩、观赏，又是一种艺术的建筑。既是美的，在用材施工上又是实在的，心灵技巧是美的表现，但每个细部都要把握好，是人的设计，是意的精神的设计，是神来之笔的设计。

苏州园林

第六课

风景建筑（武夷山风景建筑的创作及其他）

风景建筑设计的实践至关紧要。1979 年后的 10 余年我们在福建武夷山的景区设计了许多建筑（图 6-1），其中有酒家、商店、码头、亭、廊、榭、传统街道、旧房更新、办公建筑等工程。其位置有山巅、山腰、山麓，有滨水、有街巷，在风格上我们探求新的地域风格，一种乡土建筑，运用了石、山，求得建筑材料，形成一种地方建筑新风，得到圈内外朋友同仁的好评和认可。我们的团队有的现在步入老年，已经退休，有的还在其他地区探索新的路径，创作之路永不止步。其他的有：福建惠安海岛上的海螺塔，浙江天台的济公佛院，吉林长春的净月潭等。其他公共标识性建筑，也根据其功能、性质、所处环境做出过新的探求。以下提出几个基本的思路。

图 6-1　武夷山庄（图片来源：作者提供）

1. 相地

相地即选地，是景观设计的首要，相地也是考察，分析观察所设计的景点的条件环境，即前述景观和场地。中国传统讲风水学，风水其中有科学成分，也是分析对景、视距及其相对的大小环境。武夷山风景区有个不起眼的支路通向主景区的入口，入口还有块大石，设计时就配合石头，作为结合设计的配景，亭有高有低，结合自如。武夷山庄是为探索地区风格，斜坡的屋顶，出挑 1.5m 挑梁的托的宽度仅 4cm，是为当地民居的做法，粉红瓦顶加粉白的墙，微微凸出了框架，显示地方民居的新的风格。该场地在大王峰下，建筑不高于 3 层（后来在三期加为 4 层）。风景如画，没有围墙；植物配置，相得益彰；恰当的分割，富有整体性。山庄前后进行了三期。碧丹酒家设于一曲桥头，以此来标志到达武夷山景区，唐诗中“借问酒家何处有，牧童遥指杏花村”，当时许多风景区的门口都要设个琉璃牌坊，显示不出地区的特点，此处用酒家别具地方风格，仅花 40 余万元。但几经经营变成陈列展览之用，着实遗憾。往下走的传统街空间组织有序，有小广场、水榭、牌坊，人称东街。这样景区的建设一气呵成，加上武夷宫的改建，使浓郁的新地方风格再现于此。其他如九曲宾馆、玉女山庄的选址都做了精心的研究，在20世纪80年代的当地形成一种风格，人们称之为武夷风格。当地居民从不认识到认识，到来抄袭，于是周围一片片、一簇簇的地方建筑都来学习、搬抄、比划，这是一番趣事。惜乎后来没有控制，没有严格的管理，任由外地的建筑师和投资者相继破坏，不能不看成一场悲剧。

2. 造型

一次我到香港讲学，香港大学的讲堂介绍我们的作品之后，有位城市大学的教授向我提问："您是否想把自己的风格在各地都有所显示？"我说："不，我不想这样，我要把设计作品，因时、因地地适配于地区和地段。"以南京为例，雨花台烈士陵园与南京梅园周恩来纪念馆，以及侵华日军南京大屠杀遇难同胞纪念馆，同为纪念历史，不同意义、不同地区，都用不同的造型风格，即使同是生与死的意义，由于内容性质不同，也要采用不同的造型。国际友人难以想象3个作品出自一人之手。

造型问题是景观设计中的大问题。全世界的现代建筑走向一种"趋同现象"，抹杀了地域性，当然也淡化了人性。这是高技术引起的。造型要有地域的、传承的、人性化的特点，当然也少不了创作的意念。景观建筑造型要注意屋顶，我国传统建筑的地域有许许多多的做法，都为设计提供了素材。屋顶的悬山、硬山、歇山、庑殿（四坡顶），加上重叠的檐口，还有从屋顶翻起的透光透气的小坡顶、小山花，甚至于屋顶的重叠，以至于连接成片，皆为可用之材。

墙身造型的重要部分是窗间墙（或柱）与窗的比例做法和关系，同时注意窗本身的尺度和比例关系。现代建筑中大跨度则是梁柱的分割和通气采光窗的开启的比例和开启方式的关系。门则分有套和无套的。基座台阶和踏步是建筑组成的一个重要部分，可有台阶也可无台阶，视单个造型的特征而定。塔楼有多层、双层，甚至高层，那就更加丰富多彩，可以利用底座、台基座等。文艺复兴时期大大发展了古典时代的比例和样式，新古典则加以变化，而新艺术运动和巴洛克时期的建筑则索性用花环来加以变化。各个时期总想求变、求新、求时尚来取悦于人。我们今日的做法难道就没有在艺术造型上求出新来了吗？基本框架可以大体一致，而造型则是千变万化，我们要懂造型的来龙去脉，创造一些人们喜闻乐见的建筑形式来。造型手法有世俗、高雅和刻制、怪异之分，针对不同性质、内容、规模大小，我们能塑造出不同的造型。造型离不开光影、色彩，离不开物质的凹凸、细部，离不开建筑材料的质感。在做法上离不开技术和人工，要有人性化的追求。

3. 尺度

尺度是衡量建筑的一种指标，把握比例及其尺度关系，就抓住了人的审美和建筑美的核心，一位有经验的建筑师对年轻建筑师说："没有比比例的失误更让人难以接受的了。"但比例又是非常微妙的，许许多多的历史性建筑，比例并不合乎常规，某种意义上经验比知识更为重要。我主张掌握多种常规建筑各部分的尺度和构造做法。知识的面越宽，那么我们提倡创新的做法也越多。讲比例又离不开体型之间的比例关系，部位之间的比例关系，这又涉及细部的设计。所以建筑形态总是处在有秩序和无秩序之间，有比例和无比例之间，有节奏和无节奏之间，有韵律和无韵律之间。老子说：“道可道，非常道。”但是我们学习的过程中还是应由浅入深，由低到高，一步步向前走。时间是基本的，是一种辩证、科学的学习，是一种感悟，年轻的建筑师要追求顿悟。现在许多建筑师常用电脑作画，非常迅速，但不知手绘的重要性，徒手永不会过时。如果既会用电脑，也会徒手不是更好吗？工具的改进替代不了思维，只要用心用脑去思维，我们许许多多好的感悟和灵感一定会实现，那是“顶天立地”的大事业。时代在进步，我们也要与时俱进。

4. 超越

思维的超越在设计中极为宝贵，但也离不开现实，离不开历史的传承，所以优秀的建筑师是一位创新的建筑师。华盛顿中轴线边上的美国国家美术馆东馆，与老馆（西馆）在建造年代上有差别，在造型上是现代建筑，而西馆则是新古典建筑，但新的东馆，是全新的几何构成，一种非线性的构成，在用色上是一致的，在高度上是有控制的，但人们并不以此而非议。同样巴黎卢浮宫的地下入口，他用金字塔形，四周的水面使之柔和，金字塔形的玻璃体不失比例，以此与周边的传统建筑相对比、相和谐，使之统一。创新之路永远走得通。

武夷山中山堂

第七课

景观建筑（中世纪西方园林）

中国古典园林有宫廷苑囿，有寺庙园林，也有私家宅园，西方园林也如此，但它们的发展逐渐随着社会的发展而演化，许多私家园林及皇家园林逐步对公众开放。

罗马帝国的分裂始于395年，西罗马帝国首都罗马，公元6世纪灭于北方的“蛮旗入侵”，此后欧洲进入中世纪；东罗马帝国以巴尔干半岛为中心，首都为君士坦丁堡（现伊斯坦布尔）。公元7世纪，穆罕默德建立了伊斯兰教，而后形成了阿拉伯帝国，横跨欧亚，东至中亚，西至北非和西班牙，中心为叙利亚一带。这里是三大宗教的发源地，宗教文化发达，有基督教文化、犹太教文化、伊斯兰教文化。宗教文化也影响了园林的发展。中世纪（5—15世纪）的西欧园林有伊斯兰园林（图7-1）、修道院园林、城堡庭园等类型。

我们仅以实例来说明。

1）修道院是一种长方形的寺院，长十字形称为Basilica，其前庭（atrium）有喷泉或水井供人们取水净身，种植有草坪树木，如9世纪初建在瑞士康斯坦斯湖畔的圣高尔教堂以及意大利米兰的帕维亚修道院（图7-2），由僧侣用房、香客食堂、作坊、医院、墓地等构成，反映出修道院自给自足的特点。

2）中世纪，欧洲战乱频繁，各地建筑城堡，为了便于防御，城堡多建在山顶，围以壕沟，其中心处作为住宅。11世纪，诺曼人（Norman）征服了英国人，到了13世纪，人们开始在城内

图7-1　西班牙阿尔罕布拉宫鸟瞰
（图片来源：http://www.triptm.com）

图7-2　意大利米兰的帕维亚修道院
（图片来源：image.baidu.com）

建造庭院，这些庭园用栅栏式短墙来围护，三面开敞，有草坡座凳、泉池，树木修成几何形，大一点则设有水池，可养鱼和天鹅。如法国蒙塔日城堡和13世纪预言长诗《玫瑰传奇》中描写的城堡庭园（图7-3）。

经过中世纪，进入文艺复兴时期后，园林也随着建筑的发展和复兴而崛起，这个时间约是1400—1650年。文艺复兴起源于意大利，14、15世纪为早期，16世纪为极盛，直至16世纪走向低潮。

文艺复兴起源于商业贸易发达的意大利。那个时期，文学、音乐、绘画、建筑等都迅速发展，园林也不例外。总的来说，文艺复兴是一次进步的文化运动，是一次思想解放。

在其初期，人们崇尚个性和对自然的热爱，富裕阶层开始兴造别墅和花园。

意大利是个多山的国家，不少府邸建在山地上，所以庭院也可称之为台地园林。现举例说明。

图7-3 法国蒙塔日城堡
（图片来源：image.baidu.com）

克累森兹的庭院设计方案把庭院分为上、中、下三部分，坐南向北，庭园为20英尺（约6m），四周为围墙，其南为官邸，庭院附近有树篱、草坪，使住宅很舒适。而建筑师为他设计庄严的庄园，供文豪所享受。这是一种文人雅士的庭园生活，显现了人文主义精神。这种人文实质上是建立在资产阶级需求的基础上。这时已有庭院服务的附属建筑——回廊、棚架等，用它来作为景观的对景，庭园中布置有雕塑、石栏，有的则加上水池、种植、墓园、玫瑰园和绿廊、草地、菜园。西方人十分注重修剪树枝、树叶成型，几何形绿色植被与建筑搭配，组成密集、幽暗的人造树荫。一方面由商人提供资金来修建，资助那些文人、画家、雕塑匠人来建造庭园，一方面模仿人造的树木绿化来点缀环境，这是西方园林的造型模式，它流传至今。这个漫长的历史和机制，奠定了欧洲花园的建造模式。

古典复兴承接了古希腊古罗马的柱式，丰富了园林内容；又将城市突破城堡，加强了市政大厅，神权转化为皇权。庭园内的绿化有序而整齐，园外远处则是森林。所谓的人文则是那些古人的遗迹，发展到对称轴线、人造水系、迂回的植物植被，形成了西方园林的一套系统。

实例中著名的有卡雷古奥庄园（Villa Castello，图7-4），台地园林。园内装饰有花坛和水池，水的利用也是几何形，有似镜的圆形，也有切边的转角形，把人造的树林运用几何图形组织。水利用地形的落差形成水阶梯和水瀑布。雕像（美人）、柱式的喷泉、柱式的门洞，都引入花园之中。

可以认为这是一种建筑的向外伸延，按墙面比例处理地铺面。草坪、台阶、台地，儿童、动物的雕像都在绿色的环境中运用。这种人造的艺术遍布欧洲，将客厅与绿色结合，建筑与小品和树木结合，大片的台地有人造的，也有依微地形而筑造的。

我们讲意大利花园，不能不从台地开始，从园林化的庄园为起点。文艺复兴的人本主义，让这里充分发挥了人工的作用。植物经过剪裁，其形态十分人工化，人们把自然当成雕塑的元素（图 7-5）。这是与东方最大的区别。

文艺复兴的中期是为鼎盛时期，前期美迪奇家族起了重要作用。而鼎盛期文艺复兴的中心由佛罗伦萨转到罗马，教皇尤里乌斯起了重要作用。他主张发展文化艺术，加上经济的发展，繁荣了城市建设，圣彼得大教堂是这一时期的代表作品。这一时期的意大利园林布置有喷泉、雕像、回廊，大片的森林、输渠道，台地的分段，雕像林立，使整个公园整体性强。府邸与绿色的花园融合在一起。在一定范围的空间内，轴线、叠落、水系的组织、喷泉、栏杆、几何形的绿篱，都十分引人注目。站在高高的台地瞭望，人像的站立，丰富了造园艺术。水的处理成为重要的造园手段。建筑或布置于庭园之中，或在其侧，整个造园，复杂而丰富。再往后，建筑与庭园艺术就转向巴洛克，这种复杂的形式风行一时，当时的领军人物是米开朗琪罗。建筑师、园艺师在花园内尽其所能表现物形，其中壁龛、洞穴，就是供人们来欣赏人造的艺术。道路的布置上强调对称、均衡，强调小品的平衡、对称，求得尺度上的适宜。整体布局是放射线或对角线，中轴有时有主轴和副轴，选用白色的雕塑小品，形成了鲜明的色彩对比，对称的构图也通过花坛、水池、绿篱和花坛来表现，有光影的对比和艺术处理……概括而言，

图 7-4　意大利 Villa Castello 鸟瞰图
（图片来源：image.baidu.com）

图 7-5　意大利 Villa Castello 植物修剪
（图片来源：image.baidu.com）

意大利台地园特点如下：

1）造型上用台地。

2）利用轴线、对称和几何形，建筑小品点缀其中，分布匀称。

3）轴线对称，由建筑的轴开始。

4）充分利用地形，采用对称、几何形的台阶和踏步。

5）入口处用园门，窗有装饰。

6）有喷泉，由于有台阶，则筑墙以分割，又在墙上装上喷泉。

7）小品如栏杆、喷泉、台阶都十分精细。

可以认为意大利的文艺复兴园林奠定了西方园林的基础，是文艺复兴整个历史的成果，它影响了北欧、俄罗斯的园林，还影响了法国园林。对英国影响到伊丽莎白时代，对法国影响了路易王朝，路易十四时期规模宏大的园林，不能说不与之有关。从城堡庭园逐渐转向宫殿庭院，园林艺术的发展总是与建筑艺术的发展并行。

瑞士苏黎世风景

第八课

景观建筑（英国）

在欧洲，英国园林有其特殊的地位，是一种自然风景式的园林。它改变了欧洲千年以来轴线对称的规则式园林的做法。

一种风格的形成必然有它的缘由。英国是一个岛国，它是个殖民国家，大量的食物都由殖民地供应，所以农村、山丘都种植草坪，养些牛和羊，山不高而秀美，有着自然弯曲的海岸线。自然风光在很大程度上影响了英国园林的特色，这里无法施展规整平面地形和长轴线，也难以形成台地式的园林。

其次，当时出了许许多多的文豪和美术家，崇尚自然，喜爱自然是一种当时的心态。其中，威廉·坦普尔（William Temple，1628—1699）是位政治家和外交家，他向英国介绍了中国园林。又如库珀（Anthony Ashley Cooper），其哲学思想受柏拉图影响很深。约瑟夫·艾迪生（Joseph Addison，1672—1719），于1712年著有《论庭园的快乐》（*An Essay On the pleasure of the Garden*），亚历山大·蒲柏（Alexander Pope，1688—1744）著有《论绿色雕塑》（*Essay On Verdent Sculpture*）。其他作家也有很多著作。同时也出现雷普顿（Humphry Repton，1752—1818）等一批杰出的造园家。

行业名有 Gardening，Horticulture，Landscape Gardening 不同叫法，总之都强调崇尚自然、适配自然、保护树木，强调一种自然的生存环境。多种多样的文化影响决定了自然风景的建设。

代表的园林有布朗为布朗洛伯爵改建的伯利园以及布伦海姆风景园等（图 8-1）。

英国几乎每个村落都有一座小教堂，建筑利用山形沿路错落布置，形成一幅幅如画的风景。

英国受前面所述的影响，不排除一些规则式的庭园。因为人类的发展是走出自己。

我崇尚和欣赏的英国风景画家,特纳（Turner）和约翰·康斯特布尔（John Constamble）都是大画家，那“日出”，那海滨，表现天空、大海，那光影效果多少带有浪漫色彩。

由于历史的契机，中国园林的亭、塔和自然园林亦被引进到英国（图 8-2）。

英国园林，不但受到当地气候湿润、多雾的影响，同时又有海洋的影响，这一切都反映到人文精神上来。

出色的园林著作有申斯通 1764 年所著的《园林偶感》（*Unconnected Thoughts on Gardening*），书中申斯通将园林美分为壮美（Sublime）、优美（Beautiful）、闲静美（Melancholy or Pensive），而我认为壮美有一种壮丽的意思，优美是一种秀美，闲静美是一种幽美。当然对人的心理来说，要有一种心理的感悟，一种 surprise，或者 exciting 之感。

申斯通是第一个将园林家命名为 Landscape Gardener 的人。

事物都是相互作用的，英国园林兴起反过来对欧洲产生了很大影响。

图 8-1　布伦海姆风景园（图片来源：http：//club.yule.sohu.com）

图 8-2　英国邱园中国塔（图片来源：image.baidu.com）

英国伦敦某教堂

第九课

英国园林

英国园林有自然式和规则式，但大量存在的是自然式：公园里没有雕像、喷水池、花坛，完全是模仿乡村的自然风光。自然式园林又派生出杜鹃园、岩石园等类型，也有以景物命名的，如水景园、野趣园等。总的来说，英国园林是以宜人的植物景观、美丽的色彩、开阔的草地、柔和多变的林冠线和连绵起伏的地形为主体。此前，英国的园林有很大一部分是宗教用的修道院园林，持续了数世纪的造园均以建筑为主体，像是建筑的延续，特点为矩形、对称、规则。

1. 规则式园林（Formal Landscape）

英国园林中的规则式园林是受到法国、意大利的影响，以建筑为主，体量甚大。花园有果树、廊架、大片花坛，常绿树占很大比例，而树木修剪成几何形。树木的人工修剪是西方园林的一大特色，这与东方园林有很大的差异。英国规则式园林典型的有汉普顿宫苑（Hampton Court Palace，图 9-1）。

位于伦敦的汉普顿宫苑，毗邻泰晤士河，有宏伟的宫殿和茂密的园林。查理二世在 1660 年自法国归来，也开始以法国风格园林为蓝本改造汉普顿宫苑。园内挖掘运河流向泰晤士河。放射形的林荫道给人以深刻的印象。

英国人热爱园艺活动，花园是英国园林影响世界园林的重要内容之一，比如建于 1731 年的邱园的女王花园（Queen's Garden at Kew），是 18 世纪的代表作，它拥有花坛、雕像及各种香气袭人的鲜花。

2. 古典自然园林（Classical Natural Landscape）

17 世纪在英国规则式园林中开始引入自然形体。这种自然式风格受到中国园林的影响。其总的设计思想是：大自然本身是一个花园，并在本国本土的自然景色中寻找灵感，从中找出规律性的东西。它最大的特点是拆除了园林的围墙，创造了称之为隐垣（Ha-Ha）的边界，可以内外借景，视线不被阻挡。它打破了中轴对称的直线条而用柔和的曲线，道路曲折蜿蜒，加上地形起伏，形成一种三维空间的视景。

罗夏姆庄园（Rousham house，图 9-2）是英国造园家布里奇曼（Charles Bridgeman，1719—1737）和威廉·肯特（William Kent，1738—1741）的作品，这是一处典型的英国风格园林，是件杰出的作品。它位于牛津郡的斯蒂帕尔·阿斯顿（Steeple Aston of Oxfordshire）公馆，始建于 1631 年。肯特可称得上英国自然风景园之父。

3. 画意园林（Picturesque Landscape）

这一时期园林追求画意，追求浪漫意境。picturesque 是说入画，人类向来是求画、求意、求景，而景又要人们入画、入意，这是互通的。

图 9-1　汉普顿宫苑（图片来源：http://www.51nb.org/thread-15836-1-1.html）

图 9-2　罗夏姆庄园（图片来源：http://www.51nb.org/thread-15836-1-1.htm）

这一阶段，中国园林又对英国园林产生了进一步影响，在英国园林中出现了中国风格的建筑。钱伯斯于1761年建中国塔，将假山叠石带入英国，也利用本国的石灰石造了石窟和洞穴，并配上了许多雕像。

国外的人体雕像，是全暴露的人体，这是由于西方文化重视人体、绘画、原形、理性，而中国文化则受到礼教中的儒教、佛教、道教等影响。中国园林把大自然缩小，外国园林则先缩小后放大再缩小。而当今民主社会又要新的探索。

画意园林中斯考脱尼城堡公园是19世纪初英国最美好的画意园林。构图采用了风景画家的手法，他们对园林和园内的建筑同等重视，使景色相互联系，有浪漫的意境。这是在古典自然园林盛行中的一次回流，19世纪末威廉·鲁滨逊（William Robinson）和格特鲁德·杰基尔（Gertrud Jekll）又重新建立了更美的自然主义园林。

可见画与园林总相互影响、相得益彰，人们热爱自然就将其描绘到画中，画会再现为现实，有多少浪漫的理想，是取自自然，然后再概括集中。我想并不是所有自然都是美的，只有欣赏者感受大自然于心灵才是美。所以浪漫是人之天性，浪漫有度，只有社会达到富裕程度才有浪漫的可能，也只有宜居条件下才有可能。不同时代都有个“度”。

在现代园林（Modern Landscape）中，即19世纪到20世纪初，英国园林呈现出新的风格和特点，当然是共生共存的，概括起来有以下几点。

1）各种元素与各类园林风格加以综合，一起进行创造而不是模仿（其实各人的视野是不同的）。

2）规则式建筑和自然式园林并存，借入田园风光使种植设计自然，选用迷人的植物材料。讲园林不注重植物的配置是不当的，其实植物才是主角。大自然中，山石、树的种类及其优美的配合才能形成理想的美景。

3）园林总是向前发展的，现在要一面关注美国园林动态，一面看着北欧。

正如列宁所说，要汲取人类一切优势的文化，创新是永恒的。我国那么丰富的自然山川，面对全球气候变化与低碳要求，我们又该何去何从？英国的乡村是十分美丽的，树木种类繁多，我想它是世界园林化模式的一种可能。

注：本文部分内容引自北京林业大学苏雪痕的《英国园林风格的演变》。

林间

第十课

伊斯兰庭园

提笔写伊斯兰庭园前，我看了一些史料，却望而却步，它是一个非常复杂的历史现象和民族现象的交错，它与伊斯兰帝国版图的变化有关，涉及时代的错位，但是它是在一段时期内横跨欧亚大陆的灿烂的文化。单讲印度的泰姬陵而言，它是世界久负盛名的庭园和建筑，是一种辉煌，是一座无与伦比的建筑庭园作品。这种神秘是怎样出现的，我只能粗略地说来。

欧洲从古希腊、古罗马、西罗马，直至文艺复兴、巴洛克、洛可可、折中主义到新古典，直到现代新建筑，是一脉相承的，有着一条较为清晰的主线。在东方，有着5000年文化的中国有文字记载的传统也一直传承至今。而伊斯兰文化始于阿拉伯帝国（632—1258年），这是阿拉伯人于中世纪创建的一个伊斯兰帝国。在中国史书上，唐、宋、辽均将其记作大食（Tazi或Taziks），西欧称之为萨拉森帝国，它存在了600多年，最强盛时东起印度河和中国边界，西至大西洋沿岸，北达里海，南接阿拉伯海，是继亚历山大帝国和罗马帝国之后又一个地跨三大洲的帝国。它的诞生改变了周边许多民族的发展进程，在中世纪历史上产生了非常重要的影响。

西亚的伊斯兰文化起源于美索不达米亚，随着亚述人、波斯人和萨珊人的文明进步而得以发展，伊斯兰人进而形成了自己独特的艺术魅力。它融合了各相关国家的智慧和传统，这种魅力由古西亚人与他们的继承者实践了几千年，在建筑和庭园设计中圆了“空中花园”之梦，它对东西方庭园设计有着一定的影响。水的运用、十字形的构图及穹顶的变化在世界各地成为一种特定的模式，这些根源于两河流域。

凡是苑囿都有共同之处，都是从猎户的囿，演化为游乐园。波斯园林可以分2类，一类是王室猎园，有大片的林地；一类为天堂的乐园，即水和树，可见在古代波斯水和绿色多么受重视。波斯是东方强国之一，但被阿拉伯帝国灭亡以后，这里渐渐形成了波斯阿拉伯式的新样式。这一带气候干旱，地处高原，严寒、酷暑、多风，水成为庭院中最主要的元素，贮水的沟渠、喷泉、凉亭成为庭园的主要设计元素。710年，阿拉伯人攻入西班牙，也给西班牙带来了伊斯兰文化，形成了伊斯兰园林，这种庭园称Patio，即院子的意思。四周为建筑，围合成一座方形庭园，建筑形式多为阿拉伯式，还有拱廊，装饰精细，庭园中轴线上有方形水池和喷泉，水池周围种植乔灌木和花草，并用五色石子铺地，在园外有成片树林，其最著名的代表作为阿尔罕布拉宫（Alhambra Palace，图10-1）。阿拉伯人在公元1000年左右又入侵印度，先后建立了若干王朝，在印度境内也移植了伊斯兰文化，致使印度的造园艺术也随之阿拉伯化。16—17世纪，即莫卧尔帝国时期，为印度的阿拉伯式园林盛期，其代表作为夏利玛

图 10-1 阿尔罕布拉宫（图片来源：http://photo.zhulong.com）

尔园，陵墓在其中占有重要地位。

伊斯兰园林的一个特点是将纵横轴线分成 4 块，形成一个田字形，十字交叉点为喷水池，又通过十字水渠来灌溉周围的树木。水这种造园元素后来又得到了发展，成为各种明暗渠，这种手法深刻地影响了欧洲园林。

所谓庭园自古以来都是为达官贵人所用，在那干旱的地方，一处庭园，就是他们享乐奢侈的极乐世界，成为他们的"天园"。清水、乳、酒、蜜是为最为昂贵的饮料。

庭园的建造是先挖水池再筑屋，当今还有一些遗存。许多大小不等的方形庭园与其周围的树木已成为历史的记忆。

阿拉伯人从荒漠中冲杀过来，得到一片绿洲和水，就如获得天赐的宝物，他们把溪流看成是乳汁、甘露和不浊之水，这在《古兰经》中都有描绘。

在攻占叙利亚之后，阿拉伯人向埃及进军，期盼在西班牙扩展势力。这势力是宗教势力，可见在政治上、土地上和宗教有着不可分的关系。711 年起，原为基督教统治下的伊比利亚半岛大部被摩尔人征服，摩尔人一面向往户外活动及波斯人的艺术设计，一面又向往希腊的科学与理性。1492 年，费迪南德二世和伊莎贝尔率领基督徒将摩尔人逐出西班牙，但仍保留了摩尔人建筑的辉煌，也将部分建筑转化为大教堂和私人宫殿。建筑是物质的，也是财富的集中地，在更替中保留、转换也是常事。北京的故宫是明朝的建筑，但清代仍然沿用就是这个道理。

阿尔罕布拉宫是 1250—1319 年建的，它名扬世界，成为伊斯兰建筑庭园的代表作。阿尔罕布拉在阿拉伯语里代表红色，所以阿尔罕布拉宫的外墙是红色，用细沙、泥土烧制砖砌块，有人称之为"红堡"，它在高地上修建，摩尔人用"翡翠中的珍珠”来描述它的美丽和神奇，庭院略近方形，中间有方角圆边的水池，装着喷泉，人们称赞它可以与天上的灿烂星辰相比。庭园有几组，其中狮庭是政治外交活动的场地。园中柱廊联绕，拱券典雅精美，其他如桃金娘宫中庭亦颇负盛名。

格内拉里弗花园由数个景色各异的庭园空间构成（图 10-2）。一条水渠贯穿主庭园，两侧对称种植各类植物。园中光影变幻，景色迷离，显示出高超的造园水平。

印度也是文明古国之一，有 4000 多年的历史，雅利安人从印度河流域迁居到恒河，打开印度文化之门。从庭园的变迁可以看出各民族斗争、变迁的历史，融合延续发展的历史。从小小庭园中可看出各民族融合的伟大创造。

17 世纪，印度成为莫卧尔帝国所在地，莫卧尔园林有高大的树林，却较少有开花的植物。

图 10-2　格内拉里弗花园
（图片来源：http://www.23hq.com）

印度建造两种园林，一种是陵园，在国王生前即建，死后陵墓纷纷向公众开放；另一种为游乐园，水体多于陵园。

印度最杰出的纪念物为泰姬陵，其格局也是阿拉伯格局。泰姬陵是国王沙贾汗给他的爱妻建造，可称为陵墓花园。它包含着复杂的隐喻，它是世界上极为珍贵的象征主义杰作。诗人阿卜杜勒·哈克（Abudl Hga）写道：“神佑的铺地比天园更好！巍峨的结构比宝座更高！天园里美婢如云。天园里仙境无垠。”

泰姬陵是极其壮丽的，它由 4 根立柱划定了空间范围，穹顶是阿拉伯式的，穹顶下有几层石座，且为阿拉伯式的弧形，开着细小的窗，显得神秘而神奇。前面为十字形水池，设有喷泉，使陵墓像一座灵动的灵柩或者物化的情感，无可比拟的思念感动了参观者。雕刻的精细也同样令人惊叹。世界有了这座最美的陵墓，它是一个有生命的建筑，全世界只此一座，它不属于一个人，而是属于全世界。

建造泰姬陵的沙贾汗对妻子的情真意切，使他在 1631 年她逝世后选择了离阿格拉堡有 2km 的这块墓地，隔着一条河，站在自己的宫殿上天天看着它的兴建。1658 年他的儿子篡夺政权，把他软禁在阿格拉堡，1666 年沙贾汗死后棺木被放在他妻子的边上。

印度伟大诗人泰戈尔（Tagore，1861—1941）说泰姬陵是“面颊上的一颗泪珠”，这是一种历史。

其他如胡马雍陵，占地 457m^2，它庄严肃穆，一切元素都是巨大的。

湖边

第十一课

法国园林

谈到法国园林，我想说看 2 处最优秀的就了解其大体。

法国园林最重要的代表孚－勒－维康府邸花园（图 11-1），是古典主义园林一件成熟的代表作。它入口的西面由几层台地组成，每一层台地的构图均不一样，其最大特点是突出了中轴线，极富表现力，是我认为最好的轴线之一，我在参加南京雨花台纪念馆的轴线设计时就受到它的启发。中轴长 1km，雨花台也近 1km；宽约 200m，而雨花台约 70m，但整个维康府邸花园都是绿色的，最高层台地是府邸，可以纵观整个园林。最低一层为水池，与两侧的台地垂直。绕过水池可

图 11-1　巴黎孚－勒－维康府邸花园（图片来源：作者提供）

达一小山丘，顶上有大力神海格里斯雕像。走近府邸是生动的图案花草花坛，并密排着喷泉，密排的水向上喷出，犹如水晶栏杆。这个景点风景优美，比例协调。水池的北向为 7 个深龛，龛中有雕像。

凡尔赛宫苑（图 11–2）在凡尔赛宫的西侧。花坛区从南到北分成 3 个部分，南北两部为刺绣花坛。花坛区为植物园和人工湖，景色开阔，外向性的；北面花坛被密林所包围，景色幽雅，是内向性的空间，一条大道穿过南北，穿过林园，大道的端部是水池，其中北端的海神喷泉颇有气势。中央部分有一对水池，从这里开始向西的主轴线长 3km，穿过林园。林园可分为 2 个区域，较近的一块称为小林园，被道路划分为 12 块丛林，每块丛林中又设道路、水池、水剧场、喷泉、亭子，各具风格；远处大林园种植有高大的乔木。中轴线穿过小林园的部分为“国王大道”，中间有草坪，两边有雕像，西端为阿波罗的雕像，其主题是歌颂路易十四为太阳王。进入大林园后，中轴线变成一条水渠，另一条

图 11–2　巴黎凡尔赛宫苑（图片来源：作者提供）

水渠与之相交成十字形的纵横交叉，其南端为动物园，北端为特里阿农殿。凡尔赛宫苑可谓世界最大的园林之一。

法国古典主义园林最早的萌芽是罗马－高卢时期，建园附属于封建主或修道院。在中央为水井分块种植蔬菜，有亭子，有由攀缘植物形成的走廊，有鱼池，树木剪成几何状或动物状。

16 世纪，法国园林受到意大利文艺复兴的影响，出现了台地式园林、喷泉等，开始注重因地制宜。法国有着开阔的平原，可以建较大的园林，理水可多用平静的水，少用瀑布，树木边缘常镶以花卉。

17 世纪上半叶，古典主义在法国文化界开始盛行，造园艺术有深刻的变化。1683 年 J. 布美索在他的《论依据自然和艺术的原则造园》一书中肯定了人工美高于自然美，而人工美是变化又统一的。变化美是园林中地形布局的多样性。而一切多样性都应该"井然有序，布置均衡匀称且彼此协调"，他认为应把园林作为整体来构图，且一切要服从于比例的控制。直线和方角是构成的基本形式，花园中基本上不种树，可用一些元素的观赏图案。讲比例、讲秩序、讲整体、讲观赏和均衡，无疑对古典构图和现代构图都是恰当的。但是人工美与自然美的比较我认为要视具体情况而定。

17 世纪下半叶，绝对皇权在法国发展到顶峰，国王和贵族需要古典主义来表达他们的权力，这时有大批优秀作品。勒・诺特（Le Motre Andre）是法国古典园林集大成的代表人物，他继承发扬了整体原则，特别是借鉴了意大利园林艺术，并有所创新。他适应了官方的需要，构思宏伟，造园手法多样，他的创作说明了法国园林走上创新之路，成为独立的流派。

18 世纪上半叶法国中央集权开始衰落，古典主义因而走上了下坡路。法国开始崇尚自然美，对中国园林艺术有极大的兴趣，采用叠石，仿造中国园林的亭、阁、塔等。到了 1774 年凡尔赛宫的小特里阿农花园被改造为一座自然风景式园林。

第二次世界大战之后，凡尔赛宫苑几经重建，园内重植了大量树木。

米歇尔・高哈汝是凡尔赛国立风景园林学院的教授，他在设计中强调，研究景观资源，感觉灵感。他十分注意场地与周边关系，还强调地平线是没有空间的，认为形成一处地平线，还有另外的地平线有待我们去发现，地平线是天地的交接，其本身就需要我们去超越。他深入理解传统手法并进行了发展，他设计的苏塞公园是对其最好的表达。苏塞公园坐落在城郊平原上，周围环境是大片土地和水面。设计是从确立边界开始，确立公园的边界以防止公园被人们侵占，而林中的空地宜尽早实施，并整理城市中各种交通组织。

法国另一个现代主义园林代表作是拉维莱特公园（图 11-3），设计师是屈米。屈米通过一系列的手法把园内外的复杂环境有机统一在一起，并涉足多种功能的需要。设计严谨，把点线面三者结合起来，在 120m × 120m 的平面上画上一个严谨的方格网。再设置一个耀眼的红色建筑，称之为"Folie"，成为点的要素，各个点形态、功能各异，有的形似小屋有外楼梯，上去却没有门。

图 11-3　巴黎拉维莱特公园
（图片来源：作者提供）

一边是树林，一边是大片草地。相隔一条水渠，是科学馆。

我曾参观过这个公园，感觉是一个新的概念，空间的有序而扩大，当时的入口有一把大扫把竖立在大门口的附近，使人感到惊奇，给人一种浪漫之感。这就是现代主义园林的代表作。

现代永远是相对的，要有提供条件的甲方，要有设计意图，下一个“现代”又将如何?

注：本文参考和引用孟维康，郭春生.《法国现代园林景观设计探讨》(载于《四川建筑》)。

法国圣米歇尔教堂

第十二课

景观标志

自然风景区的景观是以其的自然景观为标志，福建武夷山以景区的玉女峰、大王峰为标志，黄山则以多层次的山峰和岩石，例如猴子观海等为标志，天台山无高峰以其山腰的石果瀑布为标志，天山是以山顶的湖面为标志。张家界风景区，自然的群山作为整体标志。九寨沟，以水著称，各形态的水流、大小瀑布，像一条长长的丝带，美轮美奂，成为旅游的热点。也有以建筑为标志的：河南嵩山以其山势雄伟、大气而闻名，嵩岳寺塔为其标志（图 12–1）。自古历朝帝王都要来泰山祭祀，其标志是山顶的寺庙及南天门。句容的茅山曾是革命根据地，也以寺庙为标志。四川峨眉山山势一绝，近年修建四面佛缘和金色佛缘是其标志。

纵观中国群山，地貌类型丰富，或有石庙洞穴，或有森林树荫，以自然山水为主，点缀以建筑或建筑群，也有以塔作为标志。塔以佛教为主，塔院中的塔提示人们的注视。

山不在高，有仙则灵，水不在深，有龙则灵。有山之处常有水，相互辉映。

塔提升了风景区的景色，镇江金山寺的塔在山腰上平衡了整个景观。南通的狼山则是塔置于山顶，下为寺庙，苏州的北寺塔则是整个城市的制高点。登塔可望见全城粉墙黛瓦的民居和一些寺庙。

大凡塔不在山尖而在山脊之上，这是古人含蓄的做法。古人对于均衡的理解有独到之处。北京西郊昆明湖畔的佛香阁背靠山而建阁，华丽美观。面前十七孔桥，西望玉泉山则是全景均衡。河北避暑山庄的景观甚为壮丽，外八庙各有特色，方形的体块点上一些亭子，是一种灵气的显现。西藏的布

图 12–1　河南嵩岳寺塔
（图片来源：作者提供）

达拉宫，是人造的山，人造的宫，庄严，有垂直感，使这幢建筑群具有一种神气。在前面广场上我们设计了西藏和平解放纪念碑，尺度适宜，入云之感，与广场相适配。设计是难能之事，评价也颇不易：关心大尺度、小尺度，表现地方风格。

在历史上，东西方的景观观念是有差异的。欧洲经历了中世纪、文艺复兴，留下的最突出的是教堂和城堡。最高的教堂是德国的科隆大教堂；捷克布拉格的老广场，前有宗教改革家胡斯像；再有最大的教堂是梵蒂冈的圣·彼得教堂。在法国西部的圣米歇尔教堂，在小岛上有海堤联系陆地，为欧洲七大教堂之一。再有巴黎圣母院等，不胜枚举。

景观标志并不以高取胜，而是以自己的特色引起人们的目光。当我们听闻雨果的巴黎圣母院，自然联想到当时的城市市井。当我们游览泰晤士河时，导游会介绍说："这是英国著名作家查尔斯·狄更斯写作 ××× 的地方。"来到奥地利，人们会说："您有必要看老街上的门，不然您怎能说到过奥地利"。我们不是以高取胜，而是以历史、意义、文化来取胜。世界各地的纪念物往往是城市甚至国家的标志物。古巴哈瓦那的胜利纪念碑，美国华盛顿的方尖碑及林肯纪念馆，都是一种国家标志物。

欧洲是一个多民族聚居地，工业革命后日益壮大的民族，与弱小的以农业为主的民族都有不同的文化色彩。城堡是一个地区的特征，有罗马浪漫时期，有骑士时期。冷兵器时代过去后，这些城堡有的成为废墟，因为它是石砌的，所以保留为残堡。有的仍使用，成没落爵士的住所。有的成为参观地，如法国南郡，许多城堡府邸成为大众参观的游览地。

标志性是分层次的，有景区层次的，有城市层次的。当然对于一些城市，它是一种符号，是一种形象，是一种以物质为形象的代表，我们需要承认这一点。它也有地方性、地区性，甚至地段性。有的历史故里、名人的雕像，或者纪念某一事件、某一人物。标志性有不同层次的历史性，北京天安门广场联合两侧的建筑群，人民英雄纪念碑是主导的纪念标志，纪念 100 多年来为人类进步事业在中国作出牺牲和献身的反帝反封建的英雄志士，纪念抗日战争和解放战争中的革命先烈。标志性是艺术性的化身，是精神的物化，一种高品位的象征。

在英国伦敦国家画廊高 20 多米的纪念柱上树立了纳尔纪念像。同样也是一个国家的英雄纪念碑。彼得堡冬宫广场上纪念 1812 年战胜拿破仑的亚历山大纪念柱，法国旺多姆广场的纪念拿破仑 1805 年在奥斯特里茨战役胜利的铜柱，无疑都是一种标志性代表（图 12-2）。

当然，第二次世界大战以后，对于纪念物不再以英雄主义式的纪念物的形式来展现，而更多以当时当地的实景来代表。这是一个新时代的开始。美国华盛顿越战纪念地则完全用另一种处理方式。

最终，标志性是一种文化性的代表、一种符号，时代是对文化、风尚、风格的一种追求。日本广岛原子弹，其造型简洁，更多地追求美，而不是一种形式。在我国各地的革命英雄纪念碑，大多以近人的体量出现，表现出对烈士们一种敬

图 12–2 旺多姆广场的拿破仑铜柱
（图片来源：作者提供）

仰、一种亲近。

在自然风景区，我们仍以大自然为主，是人的自然，自然的人，人类走向自然。

景观标志什么？标志历史，纪念人物、历史、英雄们，以物化情，化为心灵中最高的层次。对于人类一代代、一批批走过去的先进人物，我们应用心来纪念。

澳门玫瑰园

第十三课

城市绿地系统（生态系统）

在大自然中，有个大的生态系统，称之为生态链。在城市的建成区内，也要有个生态系统，它的作用是改善人们的生存、生活等条件。南京的紫金山树木繁茂，是南京的“肺”，向人们输送“养料”。这大片的绿色与玄武湖，以及城市的林荫道、公园、小游园、绿地，构成一个系统，并契入城市，形成一个绿色系统。在城市规划中，绿地系统规划也就是指它。

人们越来越重视绿地系统规划。上海有十字绿地交叉，周边留有500m的绿带，深圳市将海边山丘绿化，嵌入城市之中。

同样，武汉也是利用山丘、滨湖、公园绿地串联成一个系统，绿地系统与景观规划是相互结合的。以南京为例，从鼓楼公园，连上北极阁（气象台），九华山，前湖，玄武湖，至紫金山，人称“龙脉”，这里有一连串的经典，有可供游玩的地方，也有紫金山天文台（我国最早的天文台）。可见南京的绿地系统是与城市功能性建筑紧紧相连的。城市的绿地系统也应与城市的干道系统结合。南京的北京东路和进香河路就是如此。进香河路是古代老百姓进香之水道，现已成为林荫道，它与道路的绿地串联成网。

澳大利亚的墨尔本市，在城市的中心区就留出大片绿地，而公共建筑置于其中。人们穿越其间，要走一段森林区。有的学者认为城市化人口集中后，又有一种逆城市化现象。即中心城市的人向郊区迁移。有人主张应在此地区，见缝插绿。但是在利益驱动下，拆迁的用地用来做土地开发，这令人遗憾。另一些学者以此建立中央公园的绿色核心，由内向外发射。这是我们研究城市形态所要考虑的。带状城市将每个住宅区段用绿地分割开，绿起到调剂自然空气的作用。可见它在城市规划中起着十分重要的作用。不同的城市形态要有不同的绿色系统。

城市快速干道两侧的绿化或穿越城市铁路两侧的绿化也应组织到绿地系统中。

城市中的小游园，沿街的空地及街区的绿地，应尽可能地组织到系统之内。

绿地系统可被认为是城市的生态化、健康城市之中心。我们已进入老年阶段，老人的活动、散步、锻炼都需要有安全方便的地方。儿童的活动也应避开车行交通和停车场。

我们组织规划设计城市绿地系统时应注意以下几个方面。

1）应研究城市的地形地貌及植被状况。要重视山丘地带的植被及种植计划。例如，原来的雨花台荒冢累累，新中国成立后大量植树，几十年下来，已成为南京城南的大片绿地。同样，中山陵所在的钟山在中山陵建设之初也是一座荒山。80年的植树和保护已使其成为南京城中之林，玄武湖则是南京城中之水。

2）植物种植需要考虑四季的变化。常绿和

落叶要交错布置。松柏可以四季常青，而水杉、梧桐到了冬季就会落叶，植被的组合是很重要的。在风沙大的北方要有防风林以挡住西北的风沙，而南方水面多，要多植耐水的树种，花和草只是作为观赏。南京的中山陵，自建陵起至今有八九十年的历史，建立完整的绿色系统同样也是一个长期而艰巨的任务。

3）绿色系统的规划要遵循留出空间，组织空间，创造空间的原则。即留出水面、农田、资源地，保护大树和古树，使绿化有序。建造一幢建筑可以只用几年时间，但一片树林没有数十年是难以形成的。

4）绿地有森林公园、大公园、林荫道、小游园、滨水绿化，各地段均有它自身的要求，我们要分类别和功能做好绿地中的通径步道、小品、座椅、亭榭等景观建筑，以及停车场、小商品店、饭店等福务设施。必要的基础设施应考虑周全。我们讲大地园林、山水城市，绿色植被是其重要的因素。

5）植物种植要与防止自然灾害相结合，形成一种大地景观。公路和快速干道两侧的灌木林、花草的配置管理，都是我们应重要考虑的。绿化要注意园林工程，它是一门科学。绿地精心设计，精心管理，在此方面，园林工程师同样有其神圣的责任。

我国古代有过几次大的人口迁移，多与战争和资源有关，其中重要原因之一是大片大片的树林被砍伐，水土流失，人由西向东，由北向南迁徙。绿色在某种意义上是城市健康、生命的延续。

为什么将绿色系统提升为生态系统呢?

20世纪的工业化带来了发达国家的经济大发展。伴随着二氧化碳的大量排放，全球气候变暖，这个全球性的问题引起了世界的关注和重视。改变能源方式，加强节能减排，充分利用再生能源，这是人类第一次认识到这个共同问题。生态问题是全世界的大问题，要求发达国家更多地承担责任，我们国家也大力做出了相应的措施，大批的中小型污染工厂被关闭，提倡经济和产业的转型，谋求经济的健康发展。我国是4大缺水国家之一，水资源和绿化显得格为珍贵，于是绿色、健康、卫生等口号成为我们的时尚，其关键在于生态城市、生态建筑，无不与绿色相联系，于是我们提生态系统不为过。生态系统是以人为本，人性化，是科学的发展观，是可持续的。

太湖

第十四课

植物配置（设计）（一）

景园课中植物配置和设计是重要环节。植物种类繁多，在我国做好这类设计很难，有意识的好作品不多。杭州的花港观鱼是为优，其他如各地的植物园也有好的作品。目前快速干道的护栏和分隔带，配置的花草树木是十分可取的。为了避免驾驶员的疲劳，常常变化植物种类，这在世界其他快速干道中是少有的，说明我国在这方面做了不少工作。公园、小游园中也不乏好的作品，是为社区活动创造良好的绿色环境。

我国古代陵园中的植物种植，为了达到庄严肃穆的效果，多用松柏。南京中山陵原为秀山，1925 年中山先生奉安大典，建成中山陵。孙中山先生是民主革命的先驱者，陵园大都用雪松，满山绿色成荫，配置建筑，达到庄严的效果。

南京雨花台烈士陵园纪念馆、纪念碑中轴线上的植物配置是经过设计的。东西炮台保留了原有的树木，而水池两边则用迎春、探春，清明时节两侧有葵花相配，是一道风景线。上面 30m 宽的大台阶两侧是新中国成立之初建陵时保留的大雪松，每边 3 棵，在总体设计时我们完整将其保留，增加了纪念碑的气氛。四边回廊刻着共产党宣言。在松木林中，42.3m 高的纪念碑高耸挺立，直插云霄，杯顶似钟，它目前是我国国内最大的烈士纪念地，纵长 1km，中间水池也是天然水泉，四周用剑麻，以防止游人跌落水池。这是一块新民主主义革命纪念地。

在植物中，我喜爱水杉，它挺拔且速生。在淮安，周恩来纪念馆的水杉种下 9 年后已成林，两侧水面的倒影形成水天一色的风景。

谈到植物配置，就要谈到建筑与植物的关系，其分类是多样的。若从观赏来分，它的树干、树枝、树杈与建筑的搭配会形成不同的视觉效果；若从气候环境来分，我国幅员辽阔，有寒带、温带、亚热带、热带等气候类型，各地植物的适合生长环境就不一样，在配置植物时需要注意；若从高程来分，生长在山地的植物和平原的植物就不一样，加上光照的影响，植物的生长也有差异，再加上不同地区人们的喜好，植物配置就大有不同，我们在建筑上与之匹配一定要制宜。

建筑有独立体，有建筑群，有集中式，也有分散式，作为一个风景园林师，应将植物配置与建筑结合出最美丽的画面。

植物有生长期，也有新陈代谢。一个文明单位应当有专人长期培植养护植物，建造花房，培育苗种，使花圃不断充实。

一般长条形的建筑宜由垂直的树种来配置，而单幢纪念性建筑宜用对称的雪松，东南大学大礼堂有对称的轴线，两边的植物配置得体壮观。在自由布置的住宅群中，宜有序地引导居民走入自己的家中；高低错落的高层，宜以自然的树丛镶嵌；单排的小住宅宜用绿篱联系，使住区的范围连成整体。相反的在多山的建筑群（住宅），宜平顶平齐，有整体感。香港维多利亚港是美丽而壮观的，背后的山和前面高层建筑，还有蓝蓝的大海、几只帆船，颇有诗意。

宽的林荫道应采用对称式种植。南京的梧桐树，到了夏天树荫覆盖了整条道路，使南京成为绿色城市之一，人民都称道。而中山陵的梧桐树更是高耸，幽静而庄严。在近紫金山处的高大城墙，原是太平天国的北大营。一边是树林，一边是城墙，可引发人们怀古之情。最近在边上又修筑人行木质栈桥，增添了景致。大自然中，黄山的迎客松十分引人注目，造型似在崖边向游人招手，让人叹为观止。

植物配置在西方有不同的流派。

美国著名建筑师赖特认为，建筑与植物配置是密切相关的，认为建筑来源于住宅，于是有草原式住宅，建筑虽有人文特色，但建造之后会回归到自然之中，融入自然是为自然的尊重。赖特的草原式住宅，以水平的建筑与高大的垂直树木形成对比，互为参照。他的许多作品在理念上是成功的，即融入自然。他的作品大大地将屋檐挑出，使外部空间引入室内。流水别墅出挑于岩石之上，建筑与水流有机结合；但居住者却因吵闹的水声而不得安睡，后作为一个经典作品而保留下来。

而柯布西耶又走入另一个极端，他把一棵原有的树木保留下来。柯布是机器美学的设计师，他保留树木，只是将其作为建筑的一个组成部分。

我国著名建筑师杨廷宝，十分关注树木的保护，反对砍大树，当他到南平视察时就对当地民众表示“但求保留”将被砍的樟树。其结果被保留下来了。在他设计的北京和平宾馆，妥善保留了大树，不知道现在这些树的命运如何了。几十年过去了，把生态提到议事日程，这正是认识世界的进步。

再一位建筑大师阿尔瓦·阿尔托，他的植物观强调有机形态和功能形态，他把植物当作一种材料，是一种功利的利用。

综上所述，植物配置是一种辩证关系：

1）保护现有绿化，扩而大之，绿化大地，这是一个基本观念。

2）城市中的土地利用要有相应比例的绿地。这有利于控制房地产的上涨，即拍卖一块地，拍卖一套住宅区要有相应比例，并使之有法律效应。

3）要提出一种理想模式，即城市中心空化，大片的绿地置于城市中心区，城中之山，城中之水是一种思路，周边为公共建筑，再使其环状向外发射，多做绿化隔离带，改善气候，减少污染，让百姓呼吸到新鲜的空气。

4）节能减排、低碳，都以绿色工程为原则，汲取世界绿色生态文化的优秀实例的经验。

杭州黄龙洞附近

第十五课

植物配置（设计）（二）

从大的方面讲，中国是个多山的国家，在山丘地带应大量植树，改善地区的气候和局部小气候，把山地的绿化引入城市中心，高层、多层和公共建筑宜布置在中心绿地的周边。

其次植物配置要自由化。如果说乔木是参天大树，好比城市建筑的柱，而低矮的灌木可以自由分割，可以形成墙面，如树可以形成一片的墙，特别东西向形成一种联系的绿篱。我们可以从密斯的德国馆汲取经验，使分隔的灌木自由组合。而在住宅区的管线则可以按照距离最近原则，不一定顺着道路布置。路牙是城市汽车的划分线，我们在雨花台烈士陵园的东入口的道路上就不设路牙，而是沿边种植草皮，暗示汽车进入要慢行。植物配置要讲与大地的关系，与水面的关系，与建筑的关系，由此可得知园林工程的重要性。

植物配置有许多传统的例子，这在各国传统园林中已有叙述。

植物的配置设计，我想同样可以运用“轴”、“核”、“群组”、“构架”、“界面”（地面的和空间的）。

轴是城市中的主干道，干道两侧的植物配置，分道绿篱、行道树、城市的水轴、水流，一般用耐水湿的柳树。江南水乡则是以水轴平行建筑。苏州的常熟，以5条水轴对准方塔，再是“十里青山半入城”，如若保留、改善，当称之为奇观，相匹配的是桥和装饰物。

核是城市的大片绿地，这些中心绿地通过道路绿化，和住宅区的小游园等绿地串起来，如项链一般。同样的也可以是网络型，但大体要和城市的构架一致。

群组，则是大小的绿色空间散布在城市的各种地段，包括保护区的绿地。

构架，即绿色的城市网架。

界面，即皮，是很重要的，可以是三维的。而皮的本身又是编织各种灌木的组群，这在西方古典园林尤为盛行。在垂直方面，皮即垂直界面，可以联系建筑之间的关系，同时又可分层次地组织在不同的季节，不同色彩的搭配，尤为美丽。在城市公共沿街立面，就可这样配置绿化。不论是哪一种，都要和建筑的形结合起来。敞开、封闭、对称、均衡等都是一种平衡，这些常被建筑师们所忽略。

植物配置组成的景观多种多样，有巴洛克式的、洛可可式的等，随着时代而变迁，它也像建筑一样是历史的印迹，但保护它较之保护建筑则更难。苏州的古典园林在新中国成立之初，有的已成为养马的地方，经政府大力维护才有今天的模样。城市轮廓线，新建阁、塔，其尺度造型要十分注意。常熟的十里青山是美的，但山中阁楼却显突兀，多少有点煞风景。杭州的城隍山亦有景观人行路面，直平自然，不成为城市道路的延伸，切切注意。城市外景的轮廓线也是景观的皮。

谈到城市轴，当以法国巴黎的香榭丽舍大街

为典型。其整齐划一，而又富有变化的建筑界面，再有林荫道，是一种重合的界面，也是一种轴。它闻名于世界，巴黎有众多纪念性建筑，所以可以认为是“轴的城市”。

植物是绿色的，它可以改变地区的气候条件（包括小气候），它可以改善人居环境的景观，陶冶心情，可以调剂人们的心态和行为心理。在当今追求节能减排和低碳的时期，它显得尤为重要；在防止沙漠化过程中，它的作用也是有目共睹。

在现代技术发展的时代，建筑形态有大的变化，它不局限于几何形，而是朝着非线性发展。建筑造型千变万化，可以做出挑很大的雨篷，可以将建筑层层包起来，可以将体块自由切割，可以虚实变化、封闭、敞开。同样，植物也可组合配置出多种形式和形态，它应以下列元素为考虑重点：

1）树干、树根；

2）树冠；

3）层次、前后高低；

4）色彩的变化；

5）与相应面的关系；

6）组合形式；

7）树形的特点；

8）建筑室外的小品带来的新变化；

9）与建筑雕塑的具象或抽象组合；

10）与城市交通的关系。

这样使植物配置成为一个新课题。在一片自然大地上，人工与自然如何结合，还是从线性出发，用色彩、质感和层次来解决。我们要为之而努力。

宁波天一阁

第十六课

垂直绿化

垂直绿化又叫立体绿化，就是为了充分利用空间，在墙壁、阳台、窗台、屋顶、棚架等处栽种攀缘植物。如爬山虎、牵牛、常春藤、葡萄、茑萝、雷公藤、紫藤等。

垂直绿化的作用是使建筑的垂直面达到绿化的需要，在克服城市中绿化面积不足、改善不良环境等方面有独特的作用。垂直绿化可以增强西墙的隔热效果，减少墙面接收的辐射热量，通过工程手段可以组织有空间感的绿化墙体，对空间组织有很好的作用。

有人将屋顶绿化也列入垂直绿化，在屋顶花园组织的绿化是需要填种植土，还要有防水层，再植草皮或其他植被，至少填土 10cm，以 $200kg/m^2$ 重的荷载来计算。如有小灌木，其厚度则要加大很多。

在城市中有那么多的城市墙面，是不是都可以因此而变成绿色呢？我想至此世界上还无此例，只能说群体建筑的某幢或某几幢是可以的。因为爬藤的植物也有它的生长期，它到了秋冬天叶子会枯黄。我们在南京梅园周恩来纪念馆的南墙上，起初效果是很好的，后来整个墙面布满了绿色，反而有了相反的效果，要有节制，要有人工不断地修整，不能任其肆意生长。

在城市水渠、河岸、山坡组成垂直的绿色系统，有利于城市的绿化，但这要视河道水位情况而定，有的城市做得相当成功，常常是城市亮点。遇到大片的砖石砌筑，适用垂直绿化，可以起到好的效果。垂直绿化配置也是一种设计，要统一规划和统一设计才行。

墙面的垂直绿化也有几种，一种如爬山虎，紧贴在墙上，这种的缺点是一些昆虫会钻入室内，影响人体健康。另一种在墙面预埋铁丝网架，使绿色脱开墙面，是一种绿色的防晒网。

作为南京大学标志性建筑的北塔楼除屋顶外，几乎全部布置了垂直绿化，塔楼整个是绿色的，这在国内也是少有的。

南京大学北大楼

第十七课

垂直绿化技术

垂直绿化是在城市空间被压缩之后被提出的一种合理的解决绿化面积问题的方式，也可以理解为是特殊空间绿化，现在有光谱技术把室内空间利用起来，作为农作物培养和育植的场所，也是对空间有效的利用。垂直绿化需要选用适宜的植物种类，在建筑的屋面、露台、建筑外墙面、内墙面进行合理的栽培（图 17–1），最终的效果不仅净化了微环境，把绿色带到了人们生活的周边，同时美化和装饰了建筑环境，成为生态化的建筑表皮。郁郁葱葱的植被，让建筑物淹没在一片绿色之中。

这种集约空间的绿化方式得到了全世界的认同和发展，例如新加坡、加拿大、日本等国家都在 20 世纪 90 年代提出了相关法规，规定具体的城市绿化法则。例如日本在 1992 年的“都市建筑物绿化计划指南”，提出立体绿化应该得到政府的支持和倡导。在巴黎的时候，我就看到很多建筑外表面辅以铁艺网，沿墙等距离植树，中间让攀缘爬藤类植物生长，这种方式省工省料。缺点在于这种自然的方式在冬季会显得衰败，植物有自己的荣枯期，太过于随意就会没有控制。北欧城市的各大超级市场的护栏、景观小品的立面、建筑物墙上等都采用金属网供植物攀缘，但由于我们国家大部分城市因地域环境的原因，西晒问题严重，应避免用金属网供植物攀爬，避免植物因为生长环境温度过高而死亡。

我国近几十年的高速发展，城市地面的可绿化面积越来越少，在不增加城市用地的情况下，发展垂直绿化不失为增加城市的绿化范围、提高绿化覆盖率及提升城市环境品质的一种行之有效办法。随着技术的发展，可种植植物的种类日益丰富，灌溉、施肥等设备和种植技术都有革新和改进，同时垂直绿化的适用范围也拓宽了。

现代垂直绿化植物墙的主要种植方式目前分为模块式、花槽倾斜放置式、布袋式、框架牵引式。一般选择常绿植物，垂直绿化的技术应保障植物本身的生命周期的耐久性。基本的设施包含以下几个部分：金属支撑体系、植物种植框（袋）、植物、种植基质、喷滴灌系统、施肥系统、收排水槽。

图 17–1　常州武进绿色博览园建筑墙面绿化（图片来源：作者提供）

模块式（图 17–2）主要将植物分模块进行种植，其优点是构图效果好（可以选用多品种植物，组成不同的图案效果）、植物覆盖率高、成活率高、现场施工时间短、时效性长、易维护等方面。植物的选择以覆盖力强、观赏效果好的草本及小灌木等植物为主。

花槽倾斜方置式是将花草倾斜放置，植物生长方向是斜向上。它要求使用硬质花槽或轻质基袋承载培养基质，使植物倾斜一定角度生长。采用金属框架固定硬质花槽，花槽内装培养基质以便直接种植植物。植物宜选用叶大、植株稍高、观赏效果好的多年生常绿植物及观赏性植物。

布袋式（图 17–3）利用编织材料如毡布等将植物进行贴植。以金属框架作为支撑，在金属框架上做防水背板，将编织材料固定在背板上，植物可以直接种植在编制材料上。植物根系可从布袋中吸取植物营养液。

框架式（图 17–4）采用金属框架和金属拉索牵引的方式培养植物，主要应用于室外或光照充足的室内。它由金属框架、金属网构成，为植物攀爬提供牵引和支撑，使植物顺着金属网向上自由攀缘。这种方式所需的设施最少，其特点在于成本低、现场施工快以及植物成活率高等。植物选择以多年生常绿的藤蔓植物为主。

与地面绿化相同，垂直绿化的核心组成是植物，植物的选择和配置是垂直绿化的核心环节。应根据周围环境和植物的观赏效果及功能进行设计，因地制宜地选择符合当地气候条件的植物，

图 17–2　2010 年上海世博会模块式垂直绿化
（图片来源：作者提供）

图 17–3　南京市河西布袋式垂直绿化
（图片来源：作者提供）

图 17–4　斯德哥尔摩海滨景观框架式垂直绿化
（图片来源：作者提供）

采用合理的搭配，利用植物的色彩和形态变化，实现高低错落、形式多样的综合景观效果。例如在大量绿色观叶植物中点缀一些彩色植物，形成特定的图案。

垂直绿化植物配置的原则与园林中植物配置基本相同，除了考虑植物的形态特征、季节特征、生态习性、种植密度、植物搭配等因素外，在垂直绿化设计时应注意：

（1）根据建筑物的形式和环境特征（室内、室外、朝向等）确定垂直绿化的形式；

（2）合理利用垂直绿化的作用、功能，使其与建筑形式、场所环境相协调；

（3）金属结构支撑系统需牢固可靠，可采用独立支撑结构；

（4）垂直绿化的安装不能破坏建筑物的防水效果；

（5）尽量采用中水或雨水进行滴灌；

（6）种植在高空的植物应采用防坠落的措施；

（7）定期维护。

黄山迎客松

第十八课

中国园林（一）

接下来我要谈一下中国园林，先从以苏州园林为代表的江南园林谈起。很多人谈过中西园林的差别，概括起来基本是西方园林用人的秩序去统筹自然，中国园林用自然的秩序统筹人的生活，但有一个问题我认为没有深谈，那就是“领域”问题，是领域的范围大小才产生了“咫尺山林”。苏州园林是私人的花园，中国北方皇家园林是皇帝及其亲族聚会赏景的场所；而徽州村落水口，是村落空间的起始，往往会置有亭台楼阁、水面廊桥，这种园林景观与村落入口周边环境恰成一体，妙趣自然，为一村之民共享共拥，加强邻里关系和亲族往来。如塔川的入口有水车，进村的游人便很自然地联想到质朴的农耕生活。由于“领域”各异，这些园林的尺度、范围、造园手法各有不同。苏州园林是文人逃匿和隐遁的场所，是私家花园。再有古代大户人家的小姐是不能随便出门的，园林曲尽其妙地模仿自然万物，让她们足不出户也可欣赏到天地之大美，为单调的生活增添了色彩。城市山林给人带来一种慰藉和宁静，当人们被各种社会的、家庭伦理规则所束缚，园林更加成了人们的精神寄托。

西方的园林是希望人们从高处俯瞰，美不胜收，例如法国孚－勒－维康府邸花园的花草编织的如同地毯，在三楼看过去令人心旷神怡。中国的园林是希望人们置身其中，人不是要扮演上帝的角色，就是普普通通的人，参与其中的人，在平和中感受四时、感受昼夜、感受黎明与黄昏。在我们东南大学的附近，台城，临近两处小游园（图18-1），一处人气旺盛，一处冷冷清清，前者是作

图 18-1　鸡鸣寺附近的两处小游园（图片来源：作者提供）

为场所出现的，后者是作为景观而存在的。我们该以怎样的标准判断什么是好的小游园，什么是坏的小游园，景观的营造在于人的欣赏还是人的置身其中？我想每个人可能有自己的理解和答案。

如果我们把园林看成是人及其生存环境之间的一种相互作用模式，在谈及人与自然的关系时，有一本书是《设计结合自然》，这里的自然是自在之自然，是不受人类侵扰的大自然，古人讲究吸天地之精华，阳光、大地、山川、河流、湖泊，是可以影响人的精神和肉体。英国的园林注重自在之自然。像《纳尼亚传奇》、《哈利·波特》都对这样的环境有生动的刻画，英国人享受着自然的乐趣和馈赠，而苏州园林是"提炼的""凝练的"自然，这种人为的雕琢痕迹让人产生了美的感受。中国传统文人的审美有一些病态与矫情，比如盆景的栽植和培育，比如家具中对瘿木的使用（瘿木是树木的结疤，是树木增生的结果，属于一种病态），比如文学中对林黛玉的喜爱。

余秋雨先生曾在书中认为日本园林比中国园林更胜一筹（图 18-2，图 18-3），余不以为然，造景在于心境，禅境是一种境界，融化万物也是一种境界。在造景的过程之中，日本的禅宗庭园将所有模式和造景手段浓缩和简化了，留下砂石作为主景，纯粹凝练，涤荡心灵，令人心无杂念、自然超脱。因此日本的禅宗庭园适合静坐修禅、养生悟道。但是中国园林，尤其是苏州园林，适合夏日小酌、会朋访友、闲坐下棋、咏诗绘画、弹琴扶筝。张生和崔莺莺的故事绝不会出现在日本

图 18-2　日本京都龙安寺
（图片来源：作者提供）

图 18-3　上海豫园
（图片来源：作者提供）

庭园之中，黛玉葬花、湘云醉卧的故事也绝对不会发生在日本的禅宗庭园。可以说，苏州园林包罗万象，容和万物而不争。它们一个是简化和纯化，一个是繁化和杂化，孰高孰低，在于作者心境。

苏州园林是裁选的自然，树木、藤蔓、山石、水面都是有意识的甄选的结果，小小的空间中，这些配置显出它们的魅力和气质，并没有与人对立、并没有与自然对立，成为安静的地点、陶冶情操的所在、人性的场所。我年幼的时候曾经被那句“寂寞梧桐深院锁清秋”感动，那是一种深刻的寂寥，这种寂寥借由景物呈现在千年以后的我的面前，情移境、境移情，景物也沾染了哀伤。

造景应该是自然生态的，我曾看到过某寺院的放生池，驳岸是直上直下的混凝土，乌龟根本爬不上来，小小的桩子上趴着大大小小几十只乌龟，这种完全反自然的囚禁违背了放生的理念。还是这个寺院，凭空的造景，整个山体都被挖空了。我游览过镇江的三山，觉得焦山比金山要优胜得多，主要在于其自然、天然；金山名气大，但所有景物都有商业化的雕琢痕迹，不如焦山来的自在天然。所谓顺其自然，因地制宜，对大自然不能用强，非要显示一种开天辟地的气魄出来，人应该有谦逊的态度。尤其是面对千万年造化的自然。就像迪拜建筑那样毫不掩饰欲望的奢华，毫无保留地表现和争取商业化的利益，就是一种过度开发。

我们很多时候去谈论美是什么，可是很少去描绘丑，丑是社会中的不公平，不诚信，是欺骗、做作，不健康。现如今，房地产商用商业手段侵占公共资源，以公共利益为代价，创造私人利润，现在的人们层叠地生活在小高层或者高层住宅中，哪里还有什么诗意的栖居，从窗户望出去，是街道、高架桥、鳞次栉比的建筑，鲜有郁郁葱葱的绿地，我们的生活方式变化了，我们与自然亲近的机会变少了。住宅中的功能也发生了变化。传统的民居中，厅堂是最重要的空间，不论是扬州的盐商住宅、歙县的徽商大宅还是山西的乔家大院，厅堂都是最郑重的会客、举办仪式的场所。而我们的公寓户型设计曾提倡小厅大卧室，厅堂只是用来吃饭的场所，有的甚至没有采光。一些房地产商以追求利润最大化，商业化的，短期回报率的，因而不论户型设计还是总体景观设计都免不了媚俗，其实不应该鼓励和推崇，商业模式必须有政府的监管和人民的监督。我在 2015 年参观过一个农民拆迁安置项目，不论是户型设计、建筑设计还是小区景观设计，都一味模仿城市公寓和城市生活的模式，小区内设计了大片的水面，用混凝土浇筑的水池代替自然的景园，由于运营维护的问题，水没有循环，成了一潭死水。

人们建造房屋，说到底，是为了给自己一个安乐窝，实现安居乐业，达到诗意和理想的栖居。

河北承德避暑山庄

第十九课

中国园林（二）

中国园林中到底用了哪些手法和要素呢，我们来梳理一下。

上一课提到了“领域问题”，这一问题在中西方园林都存在，就是园林的范围和大小，中国的园林通常用围墙圈定界限，表达内与外、公共与私密、闹与静等。一墙之隔，可以如苏州园林般表达中国文人的隐遁，将自己“置身于拟境”，“忘红尘于世外”。

其次是“边界问题”，这个边界指的是各个园林要素之间的边界，在以法国园林为代表的西方园林中（图 19–1），花圃规划、水面与陆地的边界、雕塑的位置、台阶的位置、建筑物与花圃之间的界限都清清楚楚，甚至植物的修剪都在暗示和强化着这种边界的概念。中国的园林中（图 19–2），各个要素之间的边界并不是十分的清楚，比如水面一定要曲折蜿蜒，石砌的驳岸也尽量不采用直线，叠石假山与建筑之间，建筑与水面之间，水面与小路之间，小路与叠石假山之间，没有明确的分隔，各个要素之间是相互融合的，而不是相对分离的。游走在云墙和别有洞天的假山之中，要素不停的切换，看似杂乱无序，实则完成了中国人“内在”与“外物”的描摹，这种天、地、水、山、人浑然一体和谐圆融，才是中国人所追求的诗意与栖居。

天津庆王府的花园（图 19–3）典型的中西合璧的院子，虽然面积不大，庭院中除宽敞的草坪、植物及洋楼之外，假山、汀步、小桥、流水，都在显现着追求西洋样式的同时，体现对传统园

图 19–1　巴黎罗丹博物馆花园
（图片来源：作者提供）

图 19–2　北京圆明园
（图片来源：作者提供）

图 19-3　天津五大道庆王府
（图片来源：作者提供）

林中自然山水的模拟和东方人特有的羞赧和隐遁理念。法国园林中的要素清晰而准确，有利于表达和炫耀绚丽的、冲击的、宏伟的、壮丽的功业或者成就，这与东方的造园理念有着本质区别。

再次是“路径问题”，与以法国园林为代表的西方园林造园手法不同，中国园林中有着绝不重复的路径，小径的设计故意曲曲折折（图 19-4），希望游园的人有更多的体验，更丰富的感受，而且每次感受都有不同，随着人的不停转身，视线落点的不停变化，增加了人对于环境的认知。有时候路径和围合界面并不重合，有所剥离，路径与界面的分离带来了空间（图 19-5），以至于步移景异，变化万千。西方园林往往有规定的路径，笔直而整齐的规划，顺着中轴线或者方圆做规整的切割，分割成规则的两段式、三段式等等，再在被切割的小块里用不同种类和色彩的植物、白色大理石雕像、喷泉水池等作为装饰，仿佛自然的一切都被人工整修，显示出人力之美。严格的比例控制、尺度控制、数量控制使得部分与整体之间建立联系，使得各个要素被安排和整理到应该出现的位置，达到整体与局部的和谐统一。相比于这种“形式和谐”，中国人更加追求心理上的和谐。

感知是人们感受和了解环境各类事物的能力，事物通过人的感官传达到大脑，并留下某种

图 19-4　苏州沧浪亭
（图片来源：作者提供）

图 19-5　苏州忠王府
（图片来源：作者提供）

印象，因而形成对某项事物的认知。中国人感知世界万物，感知到的是“同”的一面，因而东方的风景绘画多以意境取胜，虽然寥寥数笔、形象并不精纯，却江河万里、气势滔滔，西方人对于事物的观察事无巨细，严瑾、精辟、真实再现，可以说他们认识世界是从“异”开始。比如古代西方研究里的逻各斯（Logos），是对世界万物描摹的一种精准的尺度规则。公元前370年，希腊雕刻家普拉克西特创作的尼多斯的阿芙洛蒂忒（维纳斯）雕像展现了女性自然人体。她几乎完美的比例符合从几何学、透视学、人体构造学等方面的分析。西方古典的自然主义传统就是尊崇自然、合乎自然对形式的巧妙的缔造。表现在园林艺术上，西方园林精确的尺度感、色彩搭配、光影关系、区域划分、形式规则、植物栽培与剪裁等，都很好地验证了西方人的感知特性。

春有百花秋有月，夏有凉风冬有雪，在天体的运行、四季更迭、万物荣枯中，中国人意识到这些现象是凌驾于人类自身之上的，并且超然于种种主观意念之外，它们不会反复无常因此具有超乎人类生存系统之上的和谐。中国人理解自然的时候不会像西方人那样面面俱到地逐类分析，而是更加强调人的内心与宇宙万物的和谐，强调“天人合一”的境界。苏轼有诗云：“也知造物含深意，故与施朱发妙姿”。循着这条线索，再来体察中西方造园之差异，就很明晰了。

“层次问题”，中国画中有层次（图19-6），层次的丰富，从有限的空间中可以感受无限的广阔自然，这是中国人造园的心境，无锡寄畅园（图19-7）中心水面有棵树，歪的恰到好处，正好让景物多了一重层次，树与坐亭互相映衬，视线被牵引，收放自如。扬州瘦西湖、苏州拙政园，从门洞里观察远方，有近景、有中景、有远景，这种层次感回避了一览无余，让造园意境盎然。

图19-6　林风眠绘画

图19-7　无锡寄畅园
（图片来源：作者提供）

苏州园林留园

第二十课

中国园林（三）

中国园林中的自然，不是真实的自然，而是凝练过的自然。也就是说不是“照搬”的自然，不是“复制”的自然，而是经过了艺术化处理的自然。在历朝历代文人士大夫阶层的推动下，中国园林中的一片石，一勺水，都有景观妙趣，芥子藏须弥，小中见大，壶中有天地，体现了中国文人“壶中之隐”的人生追求。扬州东关街一带的壶园，名字中就是小的意思，园虽小，但是其中景物进深与层次依旧丰富。本课从中国园林艺术中组成要素加以论述。

叠石理水，“仁者乐山，智者乐水”。石头是大自然的产物，经过风霜雨雪的万年磨砺，本身存在就是自然之状，其质地、形态、色泽和纹理如同微缩的自然山体。把自然山川的“天地之形势”层层解剖似的概括出来，构成一幅天地之境。石，仿佛山之缩影，取之于大自然，品格也如山一样，亘古不移，中国文人因而喜爱这样的坚韧与稳定，常将其置于书房画室宅院之中，比喻自身性格。魏晋南北朝时期，社会动荡，战乱频发，政治的黑暗使人们转向追求现实的享乐，文人收藏鉴赏观赏石蔚然成风，此一时期，石头作为独立的欣赏对象不再仅仅是苑囿假山的堆砌材料。如苏州留园的“冠云峰”，上海豫园的“玉玲珑”，南京瞻园的“仙人峰”等都是可以独立欣赏的块石。苏轼、米芾等文化名人都爱石成狂，陆游曾有“石不能言最可人”的诗句。文人对于赏石文化的推动也促进了园林中堆石成山的艺术理论研究和著述。唐代白居易曾有《太湖石记》，“三山五岳、百洞千壑，覼缕簇缩，尽在其中”，并称赞太湖石为甲等，米芾品鉴太湖石提出“瘦”、“漏”、“透”、“皱”的审美标准。北宋时期，宋徽宗劳民伤财的到处搜刮奇石异花，用以建设大型园林“艮岳”，据传“冠云峰”与“玉玲珑”（图20–1），都是当年“花石纲”的遗物。

以湖石假山见长的狮子林（图20–2），假山不仅可赏，还可以穿行其中，游览其上，蜿蜒小径提供了高低不同的赏景角度。可远观可近玩、可登临可穿行其中，符合国画中行游的散点透视。假山的修葺与水面相互配合，行游的过程中有水声相伴，天光云影共徘徊。相传为石涛所作的片石山房（图20–3，今在何园之中），与其在《画语录》中的论述不谋而合，“山川万物之具体，有反有正，有偏有侧，有聚有散，有远有近，有内有外，有虚有实，有断有连，有层次，有剥落，有丰致，有缥缈，此生活之大端也。”正面与反面、聚合与疏散、层次、虚实、断连、节奏、气韵、行藏等这些都是叠石的要义，再以这些原则细察片石山房的叠山，山体高低相辅、石材错落有致，聚则成形散则成气，洞府间宜虚实相生，再配以修剪过的松柏藤蔓，就是一幅文人山水画。个园中以不同的石材堆砌的春山、夏山、秋山、冬山，用自然中的石材纹理和色泽来凸显四季之节气变化，比拟象征的手法纯熟，催生了美的意境，强化了美的感受。

图 20–1　上海豫园玉玲珑
（图片来源：作者提供）

图 20–2　苏州狮子林
（图片来源：作者提供）

图 20–3　片石山房
（图片来源：作者提供）

图 20–4　斯德哥尔摩皇后岛
（图片来源：作者提供）

与即使选址中没有山体也要堆土叠石以成山的中国园林不同，西方并没有我们如此深厚的赏石文化，石材被切割成均匀的小块应用在水池边界、铺地、栏杆、台阶、挡墙甚至是雕塑上。西方园林中的山，往往是真山，比如孚－勒－维康府邸花园和斯德哥尔摩皇后岛园林轴线的尽头都是真的山体（图 20–4），皇后岛园林中的山体是视阈中的焦点，牵引着游人的视线，向远、向前、向高处延伸。一点透视限定了行游的尺度比例，准确无误的焦点固定了赏景的视线牵引，增强了视觉冲击力和视觉表现力。游览这些园林使我联想起中国古代的陵墓建筑，秦始皇陵、乾陵、巩义的永昌陵、明中山王陵园等，相似的笔直的墓道，远处高起的山体或墓地的视点，中轴对称的

图 20-5　寄畅园

（图片来源：作者提供）

图 20-6　沧浪亭

（图片来源：作者提供）

布局，是一种史诗般的歌颂，权利或是富庶的炫耀，崇高或是荣耀的表征。

中国园林中的水必曲折，绝没有如刀切般的水岸或是完整的方形和圆形，如果形成大水面，则水面为构图之中心，如网师园。建筑、山石、植被都与水发生直接或间接的关系，水之源头是一定要藏起来的，使人不能一览无余，蜿蜒曲折，沟渠相连。在水面促狭处做桥，增加景深，丰富层次。首先水如照镜，水面通常与亭、榭、桥、流廊、叠石一起交相映衬，水面因光影可以起到空间延伸的作用，画家莫奈喜欢画倒影，喜欢这种瞬息万变的流动光影，他长期在室外作画，晚年视力都受到了影响。日本禅宗庭院中以细沙碎石模仿水的波纹，用静态去模仿动态，只是少了光影这些要素，虽然空灵忘我的感受被定格和放大，却也少了变化的体验。水需灵动，园林中的水是活水，活水可以保证水的清澈，流动就会发出声音，落叶花瓣就可以随波逐流，“泉眼无声惜细流”，“落花逐流水”也是一种美。水贵有声，“山水有清音”，水经过山石，碰撞发出声音；水从高处引到低处，落差会增强水声，如狮子林引水处形成了小型瀑布，潺潺水声强调了园之幽静；风吹水面，雨落水塘，声音都会加强，从听觉上感受泠泠池水，赏心悦耳。水面设计也需近人，就是“不隔”（图 20-5），可以感受水和人的互动。沧浪亭丘上筑亭、洼处盈水（图 20-6），其内有一处水面，周围廊道与水面之间形成了有落差的驳岸，这就有些“隔”，人和水的互动就消失了。西方园林的水面往往一览无余，或长方形或圆形，配以喷泉，水面一定与游览的路径、座位、视点紧密相关，对待水面的态度也可以清晰地看出中西园林“游”与“赏”的侧重。中国园林“游”“赏”皆宜，但“游”观更能体味其中的妙趣，发掘其中的本质，西方园林“赏”大于“游”，真正游览起来就少了初见时的喜悦和激动，如凡尔赛宫的非人尺度反而会让人产生疲累的感觉。

扬州个园

第二十一课

中国园林（四）

“草木培植”，园林中对植物的选择受到士大夫文人阶层的影响很深，文人的好恶、诗词歌赋中对于植物花卉的歌咏影响了园林中的植栽，松、竹、藤、菊、梅、荷、芭蕉等是园林中常见的植物，文人喜爱这些植物的品节，反过来这些植物的种植也陶冶了园主人的情操，借物咏志，象征和塑造着居住者的品格。白居易曾把紫藤比作是攀附权贵的小人，“柔蔓不自胜，袅袅挂空虚”，而原在拙政园今在忠王府内的紫藤相传为文徵明所植，历尽沧桑保留至今，相信应该不会有人因为白居易的好恶而去轻贱这棵老藤。植物没有贵贱，只有是否根据四时变化去选择植物，是否设计合宜，是否根据色彩去搭配，是否考虑植物的气味作用，凡此总总。

有些植物因为宗教故事与传说而带有了比较强的宗教意味，常被用于寺庙园林之中，或用在皇家或私家园林中，表达着居住者的宗教愿望。比如菩提树被称为“觉树”，相传佛祖在菩提树下悟道修成正果，是大彻大悟的象征。荷花是圣洁清净的象征，在佛教和道教都是吉祥植物。松柏象征着常青与延年益寿，泰山、青城山、武当山等的道观都有种植，桃树在道教中有辟邪的意思，这些富有宗教意味的植物，让受众的心灵和精神得到净化和升华。

植物是有生命的，造园可以倾人力物资短期完成，但是植物生长有周期，园林中植物的培育是要经过十年、二十年的悉心经营，十年树木、百年树人，耐心的等待、培育、修剪、整饬才会有回报。我在香港看过两个园林，一个是南莲园池（图 21–1），一个是九龙寨城公园中的苏式园林（图 21–2），从植物配置的角度，前者更

图 21–1　南莲园池（图片来源：作者提供）

图 21–2　九龙寨城公园（图片来源：作者提供）

胜一筹，原因就在于修剪和整理的用心，不是任植物漫无目的的生长，而是有规律地控制让它们越长越有型，自然和人工的相辅相成。日本园林中的青苔可以代表大千世界和陆地，在干燥的地方不生长，在大片荫凉潮湿的地方，比如茂密的林下的空地处会长得很好。它美丽柔软细腻，寂静中摄人心魄，很有吸引力。蒋勋先生曾经对于日本园林中的苔藓有过描述，认为它是一种只有在极度的安静和隐秘中才能长得好的植物，如果不安静，纷至沓来的人群会把青苔踩得无影无踪。这种地表覆盖物也需要精心呵护和培育，才能把其内在的浑然忘我的独特之美传达给世人。

园林植物配植要做到“四时各有趣”，季节变换草木荣枯，把握植物不同时期的风格特点，把握四时之景，取得四时之乐。还要注意天气的变化与植物的反映，“微照露花影”，一天内的朝暮，不同时间的光影，天气变化与植物搭配。杨柳扶风、雨打芭蕉、青竹凝霜、傲雪红梅，这些都是集合了人的五感与外界变化相互作用通感意境。也有园林是以某种植物为主，比如赏竹可去沧浪亭，在看山楼俯视，隔着花窗凝望。赏荷可去拙政园，花影与池中荷叶婆娑，香远益清。

“动物点缀”，现在中国园林中的动物以“禽鸟鳞介”为主，很少见到走兽，但中国园林的发源“苑囿”，一开始是用来豢养奇珍异兽的。诗经中有云“王在灵囿，麀鹿攸伏”，灵囿是周文王的苑囿。圈养动物的目的是供统治者狩猎，这是兼具运动锻炼的一种娱乐项目，这时候园林和居住生活的关系是分开的，南北朝时期随着园林景观的生活化，尺度规模的减小，园林中的动物也缩减了。“园禽与时变，白鸟映青畴”，“鱼游水中、悠然自得”，禽鸟和池鱼成为现在中国园林中的点缀，这些活物的声音和活动轨迹给园林增添了情趣。上海豫园和扬州大明寺中的锦鲤尺余长，或红或白或花，游人闲坐池边，喂食逗弄，欣赏池鱼之乐。这些不禁让人联想起庄惠的鱼乐之辩。一花一草皆有情，更何况有灵性的活物？拙政园的三十六鸳鸯馆，据说是因为临池养了三十六对鸳鸯而得名，看五色睡莲，鸳鸯戏水，“烂若披锦”。鸳鸯成对生活，形影不离，这么美好的比喻指代平静安逸美满的生活，令人向往。京都元离宫二条城的园池中豢养的仙鹤（图21–3），形体优美、姿态高雅、悠然徜徉、超凡脱俗，成为翠绿背景中的点睛之笔。扬州馥园池中的黑天鹅（图21–4），增加了水的灵动和园林本身的活力。据说王羲之喜欢鹅，“山阴道士如

图21–3　京都元离宫（图片来源：作者提供）

相见，应写黄庭换白鹅”这个典故就是因此而来，《红楼梦》中造园之后，采办了数十种水禽生物，可见园林中的动物不仅赏心悦目，也让人们有回归自然的真切体验，同时能够唤起文人雅士的高雅情操。

图 21–4　扬州馥园（图片来源：作者提供）

湖南长沙岳麓书院

第二十二课

中国园林（五）

“建筑营构”，中国南方私家园林，宅院与园林相互连接,宅院遵循“院”“进”的逻辑,是有“法”的建筑，而园林是自由的，与轴线对称和规则的宅院形成对比，是无“法”的建筑。宅院与园林的相互关系，有的以宅院为主，如扬州的汪氏小苑、歙县的徽商大宅、甘熙故居等，园林面积都不大，却是宅院中必不可少的部分，宅院与园林之间彼此界限分明；有的以园林为主，如留园、拙政园、瞻园等；也有宅院与园林并重的，如个园的前宅后园、何园的宅园交融等。在游览“院”空间的时候，有人会觉得“没什么可看的，到处都一样”，事实上这种评论还是因为观看观察的不仔细，虽然都是院落，但是建筑的高度、门廊厅堂的装饰、院落周边的界面形式、院落的开口、院落中间的摆设、铺地、院落名称等皆有不同，中国传统建筑就是用一个个嵌套的院落组构起以家族为核心的庞杂的生活系统。宴请宾客的厅堂、生活的小院、少爷的书房、小姐的秀楼、后勤的厨房等等都井然有序地安置其中，通过“院”空间的精妙但必不可少的变化体现出了差异。

中国园林中有许多专属于园林的建筑，亭、榭、廊、桥、阁、轩、楼、台、舫、墙等，这些建筑与周围的景观交融，所谓建筑随景，并没有刻意经营，所有的建筑形式都是来自于周边景物的启发。试想如果把网师园的月到风来亭改成轩或榭，这个视觉落点就不会这么完美地诠释出来。轩过于柔和，无法从柔美地廊中脱颖而出，而榭偏于方正，刚强有余。唯有六角攒尖的亭，飞扬的起翘，高立的屋顶，刚柔并济，如同音乐节奏中轩昂起伏的一笔。厅堂，是园林当中的主要建筑，个园中的桂花厅、何园中的船厅、拙政园的远香堂等都是四面厅，是重要的宴客场所，四壁通透无碍，四面花窗，四面有景。四面厅一般处于周围景色的制衡中心，造园者会在周边留有足够的空间。何园中的船厅周边铺地如水之波纹，用瓦和卵石铺就而成，旱地水镜，“月作主人梅作客，花为四壁船为家”的楹联令人浮想联翩。

亭，有停的意思，不仅是园林中坐望观景之所在，也自成一景，即“点景”，邻水而筑亭，山石之上而筑亭，都是点睛之笔。亭有各种形制，半亭、三角、四角、五角、六角、八角等，正因为不同的形式而把景物风致趣味和谐地传递出来，如今我们看到很多工厂预制的木制的或钢制的成品亭，形制相似、高度相似、装饰相似，用相同的模式应对不同的环境，不能因景而异，因境生变，放在景区之中只能作为歇脚休息所在，无法点景。棠樾牌坊群中的骢步亭（图 22–1），形似官帽，别致精巧，架设于观览牌坊的步道之上，前有三座牌坊，后有四座牌坊，位居转折，承前启后，令单调肃穆的牌坊群多了些意趣和美好寄托。扬州逸圃有着狭长的入口空间，稍微开阔处转角贴墙堆石，石上筑五角亭（图 22–2），亭一面与墙体相连，靠转角一面与墙体之间留有

图 22–1　棠樾牌坊群骢步亭
（图片来源：作者提供）

图 22–2　扬州逸圃半亭
（图片来源：作者提供）

促狭的空间，墙体的圆形转折将视线引导到五角亭，五角亭出于墙体之外又半掩于墙体之后，屋脊的镂雕既可以让人们感受到屋顶曲线，又不会使屋顶显得太沉重，独到自然，妙趣横生。

亭之例子不胜枚举，我喜欢扬州瘦西湖的吹台（亦称钓鱼台，图 22–3），虽然被称为台，但事实上是亭。原因一来大片之水景和远景有选择的被裁切框选出最佳的赏景角度，二则广阔景物之中放置的吹台如同在环境中增加了一个有人体尺度的标志物，就好像一个媒介，告诉游览观光的人们景物自然与人之间的微妙对话。“浩歌向兰渚，把钓待秋风”，这不禁让我想到拙政园的梧竹幽居（图 22–4），它位于大片景观的一端，圆洞门把近景和远景统合进一个画面，空间被时间定格和缩写，时间也仿佛凝固在这一刻。如果按照写文章的起承转合来描述，它们都像是“转”的部分，在园林中起到重要的作用。与吹台相似的还有栖霞山入口处大片水面景观设置（图 22–5），在面临主景雕塑游人初到之处，设置了一处假山石垒砌的汀步和平台，这个小小的平台就宛如主景的一个接入点，是观察远景的一个层次，一个角度，一个人体尺度的标志，一个与主景对话的所在。

园林中的“台”或出于水面，或出于楼阁，或出于山间的空地、台地、平台，有天然和人工之分，主要是用来观景或是凭栏远眺。台又有高台、平台之分，高台是位于高处的平台，给人提供了俯瞰的视角，比较有名的如南京清凉台等。人工修筑的城墙之上也是一种高台，在南京鼓楼或是兴城钟鼓楼依托建筑而建的高台之上可以欣赏附近风光。无锡天下第二泉后依山而建的平台

图 22-3　扬州瘦西湖吹台
（图片来源：作者提供）

图 22-4　梧竹幽居入口水面
（图片来源：作者提供）

图 22-5　南京栖霞山
（图片来源：作者提供）

图 22-6　无锡天下第二泉
（图片来源：作者提供）

（图 22-6），凭栏远眺，近处的草木屋檐、远处的塔影山景尽收眼底。平台为人们提供了平视、远视、近视的视角，平台可以伸出水面，使人亲水，“低头弄莲子，莲子清如许”。也可以是面对景观的一片平坦之地，平台是望景之处，也通常是即景抒情，畅谈理想的所在，“波心似镜留明月，松韵如篁振午风”，古人登高望远，凭栏接水都或多或少与“台”有关。

苏州虎丘小景

第二十三课

中国园林（六）

本课继续“建筑营构”的讨论，“廊”是中国园林中一种巧妙而富于变化的建筑形式，它是一种有顶的、通过式的、引导性的建筑，它是园林当中的线性建筑要素，是动态的建筑而不是静态的，是人们游览、漫步、驻足的载体，供人们遮风挡雨、庇荫纳凉。它有三个基本功能：一是“承”，廊是中国园林中承接室内空间与室外空间的重要通道，这种过渡使得建筑室内外空间之间不是生硬的对接，而是柔和的、人性化的连接，这里也就是设计中十分注重的灰空间。网师园中濯缨水阁门廊与园林西面靠墙面的廊子结合一体，这种自然的承接在中国园林中很常见。建筑不是园林当中孤立的事物，而是与周边联系紧密的必要性存在。同时，处于室内的人在欣赏园林时也多一重层次。二是“连”，廊是园林中各个建筑之间的重要联系，也是串联起各个风景节点的脉络。三是“引”，这种引导分为观赏路径的组织引导和视线的引导，人在行走的过程中会被前方“曲径通幽”的心理暗示所吸引，同时也会悠闲的欣赏两边景观。由此可以理解中国园林当中“廊必曲折”的道理，只有使人在行进过程中不停地转换视角才会增加人们的感官体验，使人自觉地关注周边的景观环境。

这种人为加强的“动观”与西方园林有比较大的区别，对比凡尔赛宫中的廊院（图 23-1）与颐和园中的长廊（因都是皇家园林而具有可对比的基础），前者具有严格的几何形态（圆形、方形、椭圆形等），后者则是自然的曲折形态，出现 90 度的突兀的转角通常是出于空间转换和行为引导的需要；前者在空间高度上尺度巨大，有强烈的、宏伟的、史诗般的纪念意味，后者空间尺度要小，更加人性化，突出人在其中的活动；前者是在严格的限定某一区域、院落，后者是介入山水景观中的一个要素，随地面起伏，随地形曲转，恰当地融入环境之中，没有严格的分隔和限定空间，而是给景物增加了一重观赏要素。

中国园林当中的“廊”有多种形式，通常都与人的行为路径以及景观节点有直接的联系，如依山而建、临水而建、爬高而建、就低而建、近楼而建（图 23-2、图 23-3）等等。何园中的楼廊被誉为江南孤例，两层的回廊贯穿主要建筑空间，为赏景增加了不同的角度。不过我认为，园林中高处赏景还是应该以点为主，比如园林当中的楼阁或是结合山体的台亭等处。“廊”的基本构件包括高起地面、柱子、举架和屋顶、栏杆、座椅等，把廊子部分的放大或是结合台、亭等建筑要素，成为一个游览中休息、停顿的所在，如同音乐节奏中的小小的间歇。其中复廊这种形式是需要提倡的，比如上海豫园的复廊（图 23-4），沧浪亭临水而设的复廊等。两条重复的路径，起始相同、终点也相同，但是景观体验完全不同，中间墙上的花窗是重要的设计手法，创造了这种往复的体验变化。古人的这种悠闲的、漫步的心

图 23-1　凡尔赛宫中的廊院
（图片来源：作者提供）

图 23-2　何园中楼廊
（图片来源：作者提供）

图 23-3　扬州小盘古爬山廊
（图片来源：作者提供）

图 23-4　上海豫园的复廊
（图片来源：作者提供）

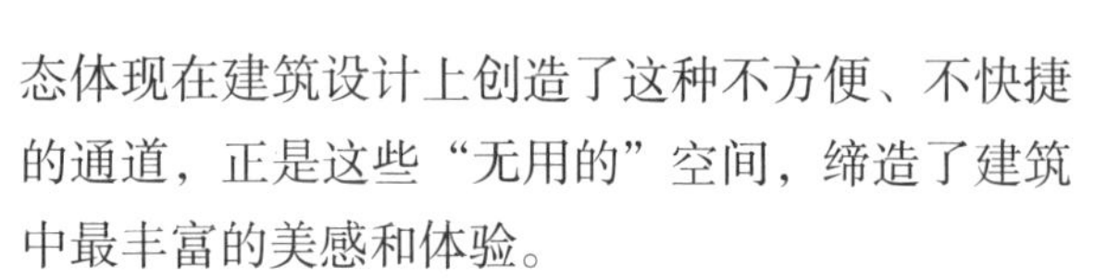

态体现在建筑设计上创造了这种不方便、不快捷的通道，正是这些“无用的”空间，缔造了建筑中最丰富的美感和体验。

“楼阁”，中国古代筑高台、修楼阁，一来是成为城市当中的中心和制高点，起到观察、瞭望、管理、军事防御等作用，如钟鼓楼；二来是结合山体风景，用来登高望远，如南京狮子山望江楼等；三来古人有成仙的述求，修高楼以待仙人，望得到长生不老的秘诀。园林中的楼阁主要是观景和成为景观制高点两个作用，观景可以俯视园中景色，也可以遥望园外美景，把周边的景观借鉴吸纳到园中来，也就是借景。狮子林问梅阁建于园西侧的假山之上，既赏景又点景。

“轩榭”，“轩”，《园冶》中说“宜置高敞，轩轩欲举”，也就是放置于高地并轩敞通透的意思，按此说明，拙政园中的与谁同坐轩、留园中的闻木樨香轩才符合这样的描述，而如杭州郭庄的乘风邀月轩、网师园的小山丛桂轩、个园中的宜雨轩（原名桂花厅）、豫园九狮轩等，并没有置于高处，且四面通透开敞，周围列柱，和四面厅无异，却也称之“轩”。网师园的竹外一枝轩与廊子相似，网师园的看松读书轩、留园的揖峰轩、恭王府的棣华轩与厅室相似。由此看来，不必纠结于命名。总体来说，“轩”是园林中相对而言小而开敞的建筑，多为卷棚顶，其装饰陈设没有厅堂建筑那么庄重，相对活泼。“榭”也是非常灵活多样的园林小筑，多建于水边，甚至伸出水面。

“桥”，中国古代的桥样式丰富，多以砖石和木构为主，延伸到私家园林中，尺度大幅缩小，通常是只容一人通过的空间，二人并行就略显拥挤。园林中的桥多设于水面促狭之处，为水面增添一重层次，有“望不尽”之感。桥与亭、廊、轩榭等建筑形式结合又衍生出多种形式，如拙政园小飞虹（图 23–5）和徽商大宅中的三元桥（图 23–6）等。我觉得桥尺度过小的时候就不宜曲折，如寄畅园中的鹤步滩简单明了、直叙胸臆，相比之下扬州小盘古的三曲石板桥（图 23–7）就显得有些复杂。桥曲的目的是为了增加趣味性，人行桥上，随着角度变换转身，进而观察到不同的景观。当桥的尺度过小时，人们的注意力只在脚边，视野是俯视的，不会从容地边行走边赏景，桥曲的趣味性就大大降低。

“舫”，又称不系舟，是造于水上的仿船的建筑物，南京煦园的石舫位于水中间，两面有桥相连，周边留有足够的空间，如真船浮于水上，随时准备起航。狮子林中的石舫与暗香疏影楼以及西面山体距离太近，空间促狭，没有船行自如的自在之感（图 23–8）。此外，“建筑营构”

图 23–5　拙政园小飞虹
（图片来源：作者提供）

图 23–6　歙县徽商大宅
（图片来源：作者提供）

图 23-7 扬州小盘谷
（图片来源：作者提供）

图 23-8 狮子林石舫
（图片来源：作者提供）

还包含“院墙”、“隔墙”、“花窗”、“门洞”、“铺地”等方面。例如江南园林的白墙犹如白宣纸的背景，造园者会巧妙的使背景和景物之间留有空间，让景物的光和影映衬到背景之上。

“意境强化”，中国园林艺术居游赏俱佳，尺度合宜，配以诗文匾额，画龙点睛。南京瞻园的岁寒亭，周植翠竹古柏，“岁寒”二字点明了与君子为伍的高尚情怀。颐和园的知春堂、环秀山庄的有穀堂等等，园林当中每一处建筑、每一处景观都有文笔点题，犹如画之落款，分明、强调、升华。用文学语言将已有的经验和雅事比拟到真实环境中来，或一左右对称的楹联，或一石碑记述，或一题诗匾额，书法艺术、文学艺术配合着景色，将景物的意境美无限扩大，产生强烈的美感催化作用。

中国地域辽阔，从南到北，建筑风格以及园林样式都差异明显。我总有北方园林不如南方园林之感，一是“阔”，阔而疏，缺少补足的要素，因而不紧凑；尺度上也非私人，而是群体的。二是“闭”，即闭塞、封闭、不透，南方园林中的建筑多通透，巧用各种要素使建筑空灵轻巧，而北方建筑相对笨重，又因冬天寒冷而不能建造的过于轻薄，北方小园潍坊十笏园就稍有围堵不畅之感。三是“板”，圆明园、颐和园、避暑山庄等为代表的北方皇家园林，大多有政治性的要求，因此园中可以看到明显的轴线，变化不如江南园林丰富。无论如何，中国园林是一个综合的艺术，建筑、植物、铺地、叠石、理水、文学、绘画等每个艺术之间彼此交融，互相渗透。中国园林所蕴含设计理念和手法丰富，值得后辈建筑师推敲和追寻。

结语

景园与地球生态

自从工业革命以来，人类的活动造成的地球自然生态的剧烈改变从未停止。也许一个世纪以前，地球上还存在着未知的空间等待人类的考察和探险，现在这样的地方可能只有地球之外的区域了。珠穆朗玛峰每年登顶的人数都在增加（商业化的运作已经使攀登珠峰变成一项产业，成了富人的游戏），多个国家也在南极设置了考察站。如果我们无节制地活动下去，物种灭绝和自然生态环境毁灭将不会只是危言耸听。到那时，今天仍然存在的壮观的鲸鱼出水、非洲南部大草原的动物世界或是南美洲亚马孙丛林，都只会存在于纪录片当中。我们人类也将离伊甸园越来越远。

随着城市化的发展，我国大部分人还将继续留在城市中工作生活、教育子女、照顾父母、退休养老。谁也不希望自己的居住环境中工厂还在肆无忌惮地排放着废气，河水散发着臭气让两岸的居民不敢开窗通风，过多的城市垃圾无法处理，严重的空气污染致使居民出门戴着口罩，过量的基础设施和房屋建设导致废弃等等。因此有必要优化能源结构，提高资源利用效率，发展城市空间环境的潜力，合理组织城市景观，发挥城市统和的功能，营造健康舒适活力可持续的美好人居环境。我在此呼吁构建一个紧缩的、集约的、高效的城市总体架构，可以容纳更多的人紧密合作的社会结构。在这个结构中，我们不会因为控制资源用量而缩减人口，不会因为发展经济而恶性损耗资源，不会因为过度开发而忽略城市开敞空间的构建，不会为了经济增长而忽视环境污染问题。香港、新加坡、东京等城市在某些方面都给我们提供了发展的案例。

现代城市中的园林或景观不再是特权阶级或财富阶层才有权享有的私家苑囿，公共共享是其特征，因此也应该从封闭走向开敞，我想这应该是大趋势。南京的玄武湖和杭州的西湖都是面对城市开放的，这也使城市魅力大增。南京玄武湖相对杭州西湖来说比较封闭，北侧紧邻城市快速干道，西侧和南侧则被城墙包裹，南侧城墙之外就是紫金山余脉，湖水仿佛被隔离了，似乎没有西湖那样与城市生活息息相关。然而，生活在南京的人们知道玄武湖公园在晚上相当热闹，尤其是夏天，玩轮滑的、跳广场舞的、走湖锻炼身体的，熙熙攘攘络绎不绝。这个公园交通便利，出入口多，可达性好，不仅服务了周边市民，也使半个城市居民受益。也许西湖是城市的、游人的，玄武湖是道地的、南京市民的。以我看来，这两者都是发展得好的城市开敞空间的案例。

景观，简言之是从人的视角出发，令人产生美感的客观世界；园林是人们为了美化生活环境而构建的人为干预的自然（上述说法只是概括了景园某方面的特点，各位读者不可奉为圭臬）。景园在我看来是处理人类与其使用空间相互关系的科学，是一项关乎自然生态的产业，如同我国古代“天人合一”的哲学理念就透露着人与自然和谐相处的生存理想。用景观园林的思想来发展城市，城市就不仅仅是鳞次栉比的高楼或是冰冷的钢筋混凝土的森林，而是健康可持续的、物质能源高效有序利用的、智能运作的、生态文明的、人文包容的、多样化的理想家园。

后记

这套册子共五本系建筑、规划、园林的普及读物，曾在《室内与装修》、《现代城市研究》和《中国园林》上连续发表，得到他们的支持，时隔几年又由中国建筑工业出版社吴宇江同志出版了我的《建筑心语》——《建筑教育》，最近完成了《景园课》和《技术课（建筑）》，成为一套。得到中国建筑工业出版社沈元勤和张建同志的大力支持得以出版，深表谢意，其他重庆大学建筑系翁季，东南大学建筑研究所寿刚，建筑学院张宏、张弦、齐昉等同志支持，以及家人的关怀，深表谢意，并对研究所林挺、卜纪青、李芳芳同志的工作一并感谢。

齐康

2016 年 07 月